KB018140

# 우리는
# 미래에
# 살고
# 있다

# 우리는 미래에 살고 있다

앞서가는 생각을 잡고 싶은 당신에게

서울대학교 공과대학 지음

창비

# 차례

# 우리는 미래에 살고 있다

공학은 우리가 머릿속으로 상상만 하던 것을 실현 가능하게 합니다. 공학을 통해 우리는 새처럼 날 수 있고, 멀리 있는 사람의 목소리를 들을 수 있으며, 이제는 직접 만나지 않고도 그리던 이의 얼굴을 볼 수 있습니다. 음향 공학은 우리가 아름다운 음악을 즐길 수 있게 해 주고, 컴퓨터 그래픽은 영화 산업에서 절대적인 영향력을 발휘하며 우리에게 다채롭고 실감 나는 화면을 선사합니다. 또한 의공학은 보지 못하고 듣지 못하고 걷지 못하던 사람들에게 새로운 희망이 되었습니다. 이렇듯 공학은 다양한 분야와 융복합하여 새로운 아이디어를 창출하고, 기존에 없던 새로운 상품, 기술 등으로 개발되어 미래를 이끌어 가고 있습니다. 공학이 '이네이블러(Enabler) 학문'이라고 불리는 것은 우리가 보다 편리하고 편안한 삶을 살 수 있도록 도와주는 조력자 역할을 톡톡히 하고 있기 때문일 것입니다.

최근 우리는 코로나바이러스 감염증-19 팬데믹으로 이전에 겪어 보지 못한 삶을 경험하고 있으며, 앞으로 우리의 삶이 어떻게 진행될지 한 치 앞도 내다보기 힘든 상황에 처해 있습니다. 더욱이 급속도로 불어닥친 4차 산업 혁명의 새로운 바람은 이러한 불확실성을 더욱 가속하여 많은 사람들의 불안을 가중하고 있습니다. 이러한 때일수록 우리는 미래를 통찰력 있게 바라볼 필요가 있습니다. 그리고 그것을 바탕으로 우리의 삶을 설계해 나가야 합니다. 이때 필요한 것이 바로 공학이라 생각합니다. 우리를 미래에 살게 하는 공학이야말로 우리를 지금보다 한 발 앞선 생각으로 이끌 수 있기 때문입니다. 이에 이 책은 앞서가는 생각을 접하고자 하는 이들에게 좋은 가이드가 될 것입니다.

　2019년 국내에서 발행된 책이 6만 권이 넘는다고 합니다. 책을 읽는 인구가 감소하고 있다고는 하지만 우리나라 사람들의 지식에 대한 열망은 아직 건재해 보입니다. 그럼에도 불구하고 대중에게 공학은 멀게만 느껴지는 것이 사실이라 공학자로서, 교육자로서 항상 아쉬움이 있었습니다. 『우리는 미래에 살고 있다』는 '공학을 많은 사람에게 더 쉽게 소개하자'는 취지로 서울대학교 공과대학에서 마련한 프로젝트의 결과물입니다. 공학을 통해 미래 사회를 그리는 데 앞장서 온 스물한 명의 연구자들이, 자신의 연구 분야를 쉽고 친절하게 설명하고자 하였습니다. 이 책을 통해 공학에 대한 낯섦과 두

려움이 허물어지고, 공학이 늘 우리 가까이에 있는 것임을 피부로 느낄 수 있기를 기대합니다. 이 책을 읽고 독자 여러분 중 한 명이라도 공과대학에서 진행하고 있는 연구 또는 관련 분야에 흥미를 느끼고 관심을 가지게 된다면, 또 그러한 관심이 미래 공학자로서의 꿈을 키우는 것으로 나아간다면 더할 나위 없이 기쁘겠습니다.

글을 써 주신 스물한 명의 교수님들을 비롯하여 맨 처음 이 프로젝트를 기획하신 이광근 교수님, 이어 진행을 맡아 주신 민기복, 이신형 기획부학장님, 저자들과 출판사 사이에서 다리 역할을 해 주신 공과대학 국제협력실의 김희선 님과 기획협력실의 강소현 님께도 감사의 말씀을 전합니다. 그리고 본 프로젝트를 실현할 수 있도록 도와주신 창비교육 출판사 분들을 비롯하여 각자의 위치에서 공학의 발전을 위해 수고하고 계신 모든 분들께 각별한 감사를 드립니다.

2020년 12월

서울대학교 공과대학장 **차국헌**

# 1부

# 인간과 컴퓨터,
# 진화 전쟁을
# 거듭하다

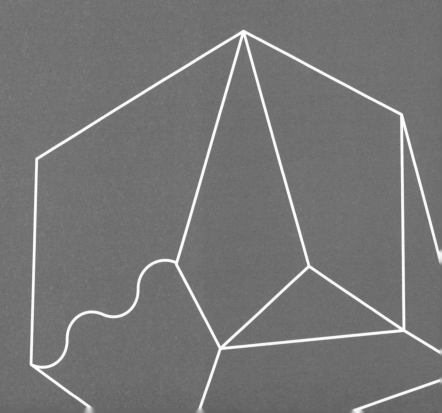

# 1

## 컴퓨터가
## 미치지 않게
## 도와줄 수 있을까?

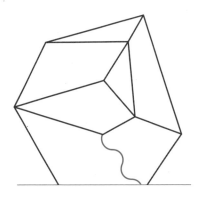

#소프트웨어분석검증
#정적분석

이광근

컴퓨터공학부 교수

칼, 망치, 끈 등 인간이 사용하는 다른 도구와 컴퓨터의 가장 큰 차이점이 무엇일까요? 바로 컴퓨터는 인간이 쓴 글을 알아듣는다는 점입니다. 만약 컴퓨터에게 시키고 싶은 일이 있다면 컴퓨터가 그 일을 어떻게 하면 되는지 글로 써서 컴퓨터에게 전달하면 됩니다. 그런 글에 해당하는 것을 소프트웨어라고 합니다.

## 소프트웨어에 발생하는 오류를 미리 막으려면

컴퓨터는 우리가 만든 소프트웨어에 따라 곧이곧대로 움직일 뿐 그것의 내용이 맞는지 틀리는지는 판단하지 않습니다. 그래서 소프트웨어에 잘못된 내용이 들어가 있을 경우 컴퓨터는 우리가 의도한 바와 다르게 움직일 수도 있습니다. 즉 우리가 쓴 글에 실수가 있는지 없는지에 따라 컴퓨터는 우리의 뜻대로 움직이는 하인이 될 수도, 우리를 난처하고 괴롭게 만드는 괴물이 될 수도 있지요. 따라서 컴퓨터에게 제대로 된 내용을 정확히 전달하는 것이 중요합니다.

그런데 소프트웨어가 잘못 만들어지는 일은 아주 흔하게 발생합니다. 우리가 소프트웨어를 만들면서 저지르는 다양한 실수 중 하나는 표현을 잘못하는 것입니다. 상대방에게 보낸 문자 메시지에 모호한 표현을 사용하여 오해를 산 적이 한 번쯤 있을 것입니다. 이처럼 컴퓨터에게 전달하는 글에 잘못된 표현을 사용하는 바람에 컴퓨터가 우리의 의도와 다르게 움직이는 경우가 발생하곤 합니다. 의도한 바에 맞게 표현하였지만 띄어쓰기 같은 사소한 실수를 하는 경우도 있습니다. 흔히 띄어쓰기의 중요성을 이야기할 때 "아버지가 방에 들어가신다."와 "아버지 가방에 들어가신다."라는 문장을 예로 들고는 합니다. 이들은 띄어쓰기를 어떻게 하느냐에 따라 그 의미가 달라질 수 있음을 보여 주지요. 컴퓨터에게 전달하는 글 역시 이와 같은 작은 실수 때문에 전혀 다른 뜻으로 해석될 수 있습니다.

그래서 탄생한 것이 정적 분석static anlaysis입니다. 정적 분석은 소프트웨어를 실행하지 않고 소프트웨어의 소스 코드source code를 분석해서 소프트웨어에 오류가 있는지 없는지 확인하는 것을 말합니다. 이때 소스 코드란 소프트웨어의 모든 것을 컴퓨터가 이해할 수 있는 언어, 즉 프로그래밍 언어로 작성한 글을 말합니다. 인간이 읽고 쓰는 언어는 컴퓨터가 이해할 수 없으므로 컴퓨터에게 무언가를 지시하고 싶다면 각 소프트웨어를 컴퓨터가 이해하는 언어로 표현해 주어야 합니다.

이와 같은 정적 분석을 사람이 한다고 상상해 봅시다. 분석을 맡은 사람은 우리가 쓴 글을 받아 들고 차근차근 꼼꼼하게 읽어 갈 겁니다. 그러면서 거기에 쓰인 그대로 일을 한다면 어떤 일이 벌어질지 상상하겠지요. 그러다 혹시 문제가 되는 부분이 있다면 우리에게 알려 줄 것입니다. 이렇게 사람이 분석하는 과정을 글로 써서 컴퓨터에게 전해 주면 컴퓨터는 그에 따라 움직일 것입니다. 이와 같은 방식으로 소스 코드를 사람이 분석하는 대신 컴퓨터가 스스로 분석하게 하는 것이 정적 분석입니다. 이렇게 되면 컴퓨터는 전달받은 글의 내용을 실천에 옮기기 전에 그 내용을 검토하고 어떤 문제가 발생할 것 같으면 우리에게 내용을 알리고 실천에 옮기지 않습니다.

## 현실적인 소프트웨어 검증 방법

인공물이 자연 세계에서 문제없이 작동할지를 미리 엄밀하게 분석하는 기술은 다른 분야에서 이미 잘 발달해 왔습니다. 기계 설계, 건축 설계, 화학 공정, 전기·전자 설계 등의 분야에서는 결과물이 설계한 대로 작동할지 미리 분석하고 검증한 후에 실제로 만들어서 시장에 내놓습니다. 이와 같은 인공물들이 작동하는 원리는 자연 현상에 따른 것이기 때문에 이들이 제대로 작동하는지 검증할 때는 자연 과학에서 밝혀진 사실들, 예컨대 뉴턴 역학, 미적분 방정식, 유체 역학, 통계 역학 등을 동원하지요. 이것이 바로 컴퓨터 소프트웨어의 정적 분석이 다른 기술과 다른 점입니다. 컴퓨터 소프트웨어가 작동하는 원리는 자연 현상에 바탕을 두지 않습니다. 컴퓨터는 소프트웨어에 쓰인 소스 코드의 의미대로 실행될 뿐이지요.

그런데 컴퓨터 소프트웨어가 어떻게 실행될지 정확하게 검토하는 것은 그리 간단하지 않습니다. 소프트웨어가 실행되면서 벌어질 수 있는 상황이 너무 많기 때문입니다. 컴퓨터는 소프트웨어를 실행하면서 소프트웨어가 시키는 대로 외부에서 입력값을 받고 그에 따라 다양한 일을 해 갑니다. 그런데 외부에서 들어오는 입력값의 가짓수가 너무 많을 수 있습니다. 예를 들어, 입력 창이 N군데이고 각 창마다 넣을 수 있는 입력값의 개수가 K개라면 입력 가능한 값의 총 개수는 $K^N$개입니다. N이 10이고 K가 1,000이라고 하면 1초에 1조 가지 입력의 경우를 분석한다고 해도 300억 년 이상이 걸립니다. 이처럼 벌어질 수 있는 상황이 너무 많기 때문에 소프트웨어에 따라서는 그 실행 내용을 모두 헤아리는 것 자체가 아예 불가능한 경우도 많습니다. 소프트웨어가 어떤 입력값에 대하여 해야 하는 반복 작업이 영원히 끝나지 않는 경우도 있습니다. 이렇게 끝없이 실행되는 소프트웨어인 경우라면 정확하게 끝까지 헤아려 보는 것은 유한한 시간 안에는 불가능합니다.

이런 모든 경우에도 정적 분석은 현실적인 시간 내에 완료되어야 합니다. 그것이 가능하려면 욕심을 조금 덜 내고 '100퍼센트 정확히'를 고집하지 않으면 됩니다. 정적 분석이 100퍼센트 정확히 이루어지기를 고집하지 않는다는 것은 마치 정확히 초점을 맞추지 않고 희미한 초점으로 살펴보는 데 만족하는 것과 같습니다. 즉, 실제 일어날 현상을 모두 커버하되 어림잡아 희미하게 확인하여 소프트웨어에 있는 오류를 찾아내는 것입니다. 이런 식의 분석 방법에서 한 가지 어쩔 수 없는 점은 잘 모르면 모르겠다고 결론을 낸다는 것입니다. 완벽하지는 않지만 그런대로 유용한 분석이 될 수 있습니다. 이렇게는 늘 가능합니다.

다음과 같은 수식으로 이루어진 소프트웨어가 있다고 합시다.

입력×10+(−4)×25

위 소프트웨어가 3 또는 7을 결과로 내면 오류라고 할 때 입력에 어떤 값이 들어갈지 명확하게는 알 수 없어도 어림잡아서 분석할 수는 있습니다. 예를 들어, 입력에 들어갈 값이 짝수라고 어림잡으면, 위 식의 결괏값은 짝수라고 결론 내릴 수 있습니다. 짝수와 짝수의 곱은 짝수이고 두 짝수의 합은 짝수이기 때문입니다. 3과 7은 홀수이므로 어림잡은 분석으로도 위의 소프트웨어는 오류가 없다고 결론 내릴 수 있습니다. 또 다른 방식으로 어림잡을 수도 있습니다. 입력에 0과 10 사이의 값만 들어갈 수 있다고 어림잡으면, 위의 식은 −100에서 0 사이의 결괏값이 나올 수 있다고 결론 내릴 수 있습니다. 이 경우에도 결괏값으로 3이나 7이 나오는 것은 불가능하므로 위 소프트웨어는 오류가 없다고 안심하고 결론지을 수 있는 것입니다.

## 인공 지능이 만드는 소프트웨어 검증하기

최근에는 컴퓨터도 소프트웨어를 만들기 시작하였습니다. 사람이 만들 수 없었던 소프트웨어들을 만들어 내서 우리를 놀라게 하고 있지요. 고양이 사진과 개 사진을 구분하는 소프트웨어가 그 예입니다. 어떻게 사진을 구분하면 되는지 논리적으로 프로그래밍 언어를 써서 소프트웨어를 만드는 것은 실패하였습니다. 대신 많은 예를 주입식으로 보여 주어서 자동으로 얼추 그런 일을 해내는 소프트웨어를 만들어 냈습니다. 여기에 쓰인 기술이 바로 인공 지능Artificial Intelligence, AI의 한 분야인 기계 학습입니다. 컴퓨터가 기계 학습 소프트웨어를 실행합니다. 그리고 많은 정답 예를 입력값으로 받습니다. 그러면 컴퓨터는 출력값으로 예시에서 보여 준 것과 같은 식의 정답을 내는 소프트웨어를 만듭니다. "서당 개 3년이면 풍월을 읊는다."라는 속담이 이와 비슷합니다. 서당 개에게 5만 년 분량의 글을 들려주면 어떨까요? 서당 개가 읊는 풍월이 더욱 그럴듯해지겠지요? 어쩌면 그 서당 개가 멋들어진 한 편의 글을 써낼지도 모릅니다. 이처럼 기계 학습을 돌리는 컴퓨터에게 5만 년 분량의 책을 입력해 주면 컴퓨터가 글을 읽고 쓰는 서당 개가 될 수 있다는 겁니다.

기계 학습을 통하여 특수한 인공 지능의 실현이 가능해졌지만 불안 요소는 여전히 남아 있습니다. 사람이 만든 소프트웨어와 마찬가지로 인공 지능 소프트웨어에도 오류가 숨어 있을 수 있기 때문입니

다. 인공 지능 소프트웨어는 인간의 뇌와 복잡하게 얽힌 뉴런 신경
망을 모방하여 만들어졌습니다. 그렇기에 마치 아주 난해한 암호문
을 해독하는 일처럼 그 구조를 꼼꼼히 분석하고 살피는 것은 쉽지
않습니다. 기계 학습으로 만들어지는 인공 지능 소프트웨어가 어떻
게 동작할지 정확하고 꼼꼼하게 살피는 방법을 찾는 것, 흥미진진한
새로운 문제이자 이제 막 해결책을 찾아 나선 미지의 세계입니다.

# 2

## 사람처럼 보고
## 스스로 생각하는
## 컴퓨터의 등장

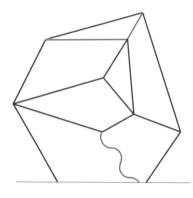

#인공지능

#컴퓨터비전

#딥러닝

**김건희**

컴퓨터공학부 교수

요즘 여기저기에서 인공 지능이라는 단어가 참 많이 쓰입니다. 인공 지능은 컴퓨터가 인간의 지능적인 행동들을 흉내 내거나 혹은 인간이 하는 것 그 이상의 수준으로 작동하게 만드는 기술입니다. 이러한 인공 지능의 한 분야로 컴퓨터 비전computer vision이 있습니다. 컴퓨터 비전은 사람의 시각 지능에 집중한 학문 분야입니다. 즉, 사람이 눈으로 사물과 세상을 보면서 할 수 있는 수많은 지능적인 행동을 기계도 할 수 있도록 만드는 것이지요. 따라서 컴퓨터 비전은 사진과 동영상 같은 영상 정보를 획득하고 처리하고 분석하고 이해하는 모든 과정에 대하여 연구하는 분야라고 하겠습니다.

## 사람의 시각과 컴퓨터 비전의 비교

인간은 눈을 통하여 얻은 시각 정보로 정말 많은 일을 할 수 있습니다. 내가 지금 보고 있는 사람이 누구인지, 내가 어떤 물건을 잡고 있는지 등을 인식할 수 있고, 원하는 곳까지 안전하게 걸어 다닐 수도, 운전을 할 수도 있습니다. 혹은 주변을 살피며 분위기를 파악할 수도 있고, 사진 한 장으로부터 여러 가지 이야기를 상상해 낼 수도 있습니다.

하지만 인간의 눈과 시각 인식이 완벽한 건 아닙니다. 사람들은 사물이나 현상을 사실 그대로 보지 못하는 착시를 겪기도 합니다. 멈추어 있는 격자 패턴을 움직이는 것으로 생각하거나 주변의 다른 정보로 인하여 같은 색을 다르게 보기도 합니다. 또한, 사진을 보고 전체의 내용은 매우 빠르게 이해하고 기억하면서도 세세한 내용은 제대로 기억하지 못하는 경우가 많습니다. 주변 환경을 정확하게 측정하는 데 어려움을 겪기도 합니다. 내가 있는 방의 크기가 어느 정도인지 대략적으로는 알지만 정확히 몇 제곱미터인지는 알지 못합니다. 이처럼 사람의 시각 능력에서 완벽하지 않은 부분을 보완하기 위해서라도 컴퓨터 비전을 지속적으로 더 깊게 연구하는 것이 중요합니다.

우리의 뇌가 시각 정보를 어떻게 처리하는지는 미지의 영역에 있습니다. 단편적으로 알려진 지식들만 있을 뿐이지요. 눈에 들어온 빛은 망막에 비치는 순간 약 1억 개의 망막 세포에 의하여 전기 자극으로 바뀌고, 약 100만 개에 달하는 신경 섬유로 이루어진 시신경을 통하여 뇌로 전달됩니다. 시각 정보는 시상을 거쳐, 뇌의 뒤쪽에 있는 시각 피질로 이동합니다. 대뇌에서 시각 정보를 처리하는 핵심 부분이 바로 이 시각 피질입니다. 시각 피질의 정교하고 복잡한 정보 처리 과정은 아직 제대로 밝혀지지 않았습니다. 이 때문에 컴퓨터 비전은 시각 피질의 기능을 그대로 따라 하는 컴퓨터 알고리즘을 만드는 일이라고 할 수 있지만, 인간의 시각과는 독립적으로 발전하고 있습니다.

## 컴퓨터 비전은 주로 무엇을 볼까?

컴퓨터 비전은 작업이 어려운 정도에 따라 크게 저수준, 중수준, 고수준 작업으로 구분할 수 있습니다. 저수준 컴퓨터 비전 작업은 주어진 사진을 더 나은 사진으로 바꾸는 것입니다. 흐릿하게 찍힌 사진이나 저해상도 사진을 선명한 사진으로 바꾸어 준다든지 흑백 사진을 컬러 사진으로 바꾸어 주는 식입니다. 중수준의 컴퓨터 비전 작업은 사진에서 특별히 중요한 부분을 밝혀내는 것입니다. 사진에 찍힌 물체의 경계선을 찾아 영역별로 구분해 주거나 여러 이미지가 겹쳐 있는 부분을 정렬해 주는 작업이 여기에 해당합니다. 마지막으로 고수준 컴퓨터 비전 작업은 사진으로부터 여러 가지 의미를 밝혀내는 것입니다. 사진이나 동영상을 주제별로 분류하거나 찾고자 하는 물체가 사진에서 어디에 있는지 검출하는 작업 등입니다. 얼굴을 인식하거나, 글자를 읽거나, 프레임 안에서는 보이지 않는 사람의 자세를 알아내는 것도 여기에 속한다고 할 수 있습니다. 이 외에도 사진이 어디에서 몇 시에 찍혔는지, 조명이 어디에 있는지, 인물이 몇 살인지 등 사진이나 동영상으로부터 밝혀낼 수 있는 작업은 그 수를 헤아릴 수 없을 정도로 다양합니다.

근래의 컴퓨터 비전 분야는 시각 정보 처리뿐만 아니라 자연어 처리, 음성 인식, 운동 제어, 로봇 등 다른 인공 지능 분야와 연계하여 활발히 연구되고 있습니다. 이처럼 다른 학문 분야와의 관련성이 높다는 것이 컴퓨터 비전이 가진 매력 중 하나입니다. 이는 다양한 분야의 전공자들이 컴퓨터 비전 연구에 기여할 수 있다는 것을 의미합니다. 예를 들어, 물리학 분야의 하나인 광학을 전공한 사람이 프로그래밍이 가능한 카메라 혹은 3차원 정보까지 기록할 수 있는 카메라 등을 만들어 컴퓨터 비전 작업의 정확도를 높일 수 있을 것입니다. 신경 생물학을 전공한 사람이 생물학적 시각 연구 혹은 뇌 연구를 통하여 새로운 사실을 발견하고 이를 컴퓨터 비전 작업을 개선하는 데에 사용할 수도 있겠지요.

## 딥 러닝 기술을 활용하라

최근 컴퓨터 비전 연구는 딥 러닝deep learning 모델의 급속한 발전과 더불어 새로운 전기를 맞고 있습니다. 앞서 살펴본 컴퓨터 비전의 거의 모든 문제들에 대하여 딥 러닝 기술이 성공적으로 적용되고 있고 그 성능이 크게 향상되었습니다. 딥 러닝은 기계 학습 방법론의 하나로, 여러 계층으로 이루어진 신경망 모델을 가리킵니다. 딥 러닝 모델은 사진이나 동영상의 내용을 컴퓨터가 잘 이해할 수 있는 데이터 형식으로 자동으로 표현해 줍니다. 컴퓨터는 사람이 일일이 그 내용을 지정해 주지 않아도 주어진 문제를 잘 해결할 수 있을 정도로 정보를 수치화하는 뛰어난 능력이 있습니다.

여기 640×480 해상도의 컬러 사진이 있다고 해 봅시다. 이 사진은 정사각형 형태의 픽셀pixel이 가로로는 640개, 세로로는 480개가 배열된 것이라고 볼 수 있습니다. 각 픽셀은 R(빨간색), G(녹색), B(파란색) 3개의 채널에 대하여 0부터 255 사이의 정숫값을 가집니다. 그리 크지 않은 사진이지만 총 921,600개의 정수(640×480×3)로 표현된 것이지요. 이렇게 많은 숫자를 컴퓨터가 일일이 다루기에는 시간적으로나 성능 면에서나 한계가 있습니다. 따라서 사진의 내용을 잘 이해한 후 되도록 낮은 개수의 숫자열로 표현해 주는 게 중요합니다. 100개의 정숫값으로만 표현하여 컴퓨터에게 알려 줄 수 있다면

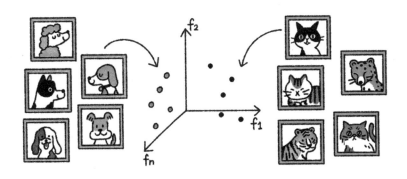

딥 러닝 모델은 사진의 내용을 이해하여 비슷한 내용의 사진을 비슷한 숫자열로 표현한다. 가령 개가 찍힌 사진끼리는 비슷한 숫자열로 표현하고, 고양이가 찍힌 사진은 개가 찍힌 사진의 숫자열과 매우 다른 숫자열로 표현한다.

1,000배의 효율성을 얻을 수 있을 것입니다. 하지만 그냥 단순히 숫자열 크기만 줄인다고 능사는 아닙니다. 사진 안에 있는 내용을 이해하여 비슷한 내용의 사진은 비슷한 숫자열로, 다른 내용의 사진은 서로 다르게 표현해 주는 게 중요합니다. 가령, 개의 사진이라고 하면 개가 찍힌 다른 사진들과는 숫자열이 서로 비슷하도록 하고, 고양이 사진과는 매우 다르게 표현해야 합니다. 그래야 컴퓨터가 인식 작업을 더 잘할 수 있겠지요. 이처럼 딥 러닝 모델은 사람의 도움 없이 수백만 장의 사진을 스스로 분석하고 학습할 수 있다는 점에서 놀랍습니다.

## 영상을 자연어로 설명하기

컴퓨터 비전을 활용한 기술 중 하나는 사진이나 동영상을 보고 그 내용을 사람이 이해할 수 있는 쉬운 자연어 문장으로 설명하는 작업입니다. 이 작업은 일종의 번역이라고 할 수 있지요. 번역이 한국어 문장에 상응하는 외국어 문장을 생성해 내는 일이라면 이 작업은 사진, 동영상이라는 만국 공통의 정보로부터 영어 문장을 생성해 내는 일입니다. 이 작업이 성공적으로 진행된다면 여러 분야에 활용할 수 있을 겁니다. 예를 들어, 시각 장애인이 영화를 보는 데 도움을 줄 수 있습니다. 시각 장애인은 배우의 대사를 들을 수는 있지만 재생되는 영상의 내용은 알 수가 없습니다. 만약 이 알고리즘이 영상의 내용을 말로 설명해 준다면 시각 장애인이 영화의 내용을 더 쉽게 이해할 수 있을 것입니다. 이는 영상 검색에도 사용할 수 있습니다. 유튜브와 같은 동영상 공유 사이트에는 사용자들이 업로드한 수많은 영상이 있습니다. 하지만 적절한 텍스트 정보가 없다면 각각의 영상이 무슨 내용인지 검색하는 데 어려움이 있겠지요. 이때 이 알고리즘이 동영상의 내용과 관련된 단어나 문장을 많이 생성해 준다면 훨씬 더 쉽고 빠르게 원하는 영상을 찾을 수 있을 것입니다.

그럼 이 작업은 어떻게 가능한 걸까요? 앞서 잠깐 살펴보았던 딥 러닝 기술이 핵심적으로 사용됩니다. 영상을 자연어로 설명하는 것이 가능하기 위해서는 2개의 딥 러닝 모델이 필요합니다. 하나는 영상을 숫자로 나타내 주는 딥 러닝 모델이고, 다른 하나는 그 숫자로부터 적절한 자연어 문장을 만들어 주는 딥 러닝 모델입니다. 전문 용어로 전자는 암호기$_{encoder}$, 후자는 해독기$_{decoder}$라고 부릅니다. 이 둘만 갖추어진다면 우리는 학습 데이터들을 모아서 이 두 딥 러닝 모델을 가르치는 일만 하면 됩니다.

그럼 학습 데이터는 어떻게 구성할까요? 영상과 그 내용을 설명하는 정답 문장, 이 쌍을 많이 모으면 됩니다. 아까도 잠깐 이야기하였듯이 이 작업은 기계 번역과 매우 유사합니다. 기계 번역 모델을 학습하기 위해서는 한국어 문장과 그에 대응하는 영어 문장, 이 쌍을 매우 많이 모아야 합니다. 그럼 번역 모델이 수많은 예제를 통하여 "아, 이런 한국어 단어가 나오면 이 영어 단어를 사용해야겠구나!" 이렇게 배울 수 있겠지요. 마찬가지로 이 작업에서는 영상과 그에 상응하는 영어 문장을 매우 많이 모아 딥 러닝 모델을 학습시키면 됩니다. 학습 데이터는 얼마나 많으면 될까요? 사실 많으면 많을수록 좋긴 합니다. 현재 최신 성능을 보이는 딥 러닝 모델들은 대개 수십만, 수백만 쌍으로 학습합니다.

학습 데이터가 충분히 준비되었다면 이제 딥 러닝 모델을 가르치면 됩니다. 우선 영상을 숫자열로 만드는 딥 러닝 모델(암호기), 숫자열로부터 문장을 만드는 딥 러닝 모델(해독기)에 영상, 자연어 문장 쌍을 각각 넣어 줍니다. 그러고는 이 두 딥 러닝 모델이 영상과 문장의 정답 쌍에 대하여 똑같은 숫자열을 가리키도록 학습시킵니다. 우리가 모아 놓은 수많은 학습 데이터를 여러 번 넣어 주면서 오랫동안 학습시키다 보면 이 두 딥 러닝 모델은 학습 예제들에 대해서는 잘 동작할 수 있습니다. 이렇게 학습이 끝나면 이제 실제 문제에 적용하는 것이 가능합니다. 우선 이 두 딥 러닝 모델을 연달아 붙입니다. 영상으로부터 숫자열을 출력하는 딥 러닝 모델을 먼저 사용하고, 숫자열로부터 문장을 출력하는 딥 러닝 모델을 그다음에 활용합니다. 이 둘이 붙어 있다면, 영상이 들어왔을 때 첫 번째 딥 러닝 모델이 이를 숫자열로 표현하고, 두 번째 딥 러닝 모델은 이 숫자열을 받아 문장을 생성합니다.

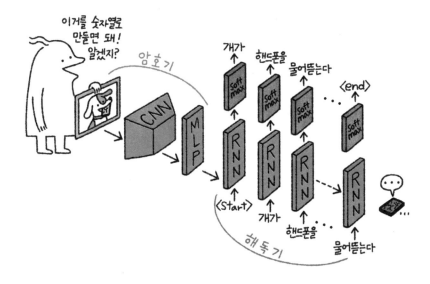

CNN으로 구성된 암호기가 사진을 숫자열로 표현하고,
이를 RNN으로 구성된 해독기가 단어로 나타내 하나의 문
장을 완성한다.*

---

\*     CNN(Convolutional Neural Network)과 RNN(Recurrent Neural Network)은 딥 러닝 기
술의 대표 모델로, CNN은 주로 사진이나 영상을 판독하는 작업을 하고 RNN은 자연어, 음성 등 순서
가 있는 데이터를 이해하는 일을 한다. MLP(MultiLayer Perception)는 간단한 형태의 두세 개 층으
로 이루어진 작은 신경망을 지칭하고, Softmax는 신경망이 배운 표현으로부터 분류 작업을 수행하
는 함수를 말한다.

이 연구와 관련하여 재미있는 또 다른 문제는 영상에 대한 질의 응답을 수행하는 작업입니다. 즉, 영상을 보여 주고 "저 소녀의 머리 색깔이 뭐지?"와 같은 질문을 하면 "빨간색입니다." 같은 대답을 컴퓨터 비전 알고리즘이 생성하는 것이지요. 앞서 살펴본 영상 설명하기 작업과 비슷한데, 이 모델은 입력값으로 영상뿐만 아니라 질문도 받는다는 점과 출력값으로 자연어 응답을 생산한다는 점이 다릅니다. 일견 어려운 문제처럼 보이긴 하지만 딥 러닝 모델이 하듯이 영상이나 문장을 숫자열로, 숫자열로부터 문장을 자유자재로 변환하는 게 가능해진다면 이 문제도 해결할 수 있습니다. 이 분야 역시 근래에 사람들의 관심이 많아지면서 비약적인 발전을 하고 있습니다.

## 컴퓨터 비전, 진보와 균형을 위하여

컴퓨터 비전과 관련해서 앞으로 풀어야 할 문제는 수없이 많습니다. 인공 지능이 완벽해지기 위해서는 시각 지능이 필수적으로 구현되어야 하므로 이에 대한 많은 연구가 필요합니다. 그동안 스마트폰의 확산으로 사진이나 동영상 데이터가 매우 많이 쌓였습니다. 사회 관계망 서비스SNS에서도 사진, 동영상, 이모티콘 등 시각 데이터가 차지하는 비중이 늘고 있고, 그에 따라 인공 지능 작업에서 컴퓨터 비전을 활용하는 것이 점점 중요해지고 있습니다. 자율 주행 자동차나 지능형 CCTV 등의 시각 인식 능력은 빠르게 진보하고 있지요.

사실 기계의 시각 능력이 높아지는 건 큰 위협이기도 합니다. 우리가 알려 주고 싶지 않은 부분에 대해서도 인공 지능이 스스로 보고 이해하는 능력이 생기게 되니까요. 컴퓨터 비전의 기술 발전과 활용도 필요하지만 사생활과 개인 정보도 보호해야 하므로, 이 둘의 균형을 맞추려는 노력이 앞으로 더 중요해질 것입니다.

# 3

## 사람의 마음을
## 꿰뚫는
## 빅 데이터

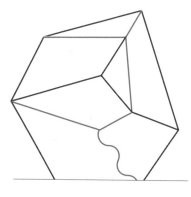

#빅데이터

#의사결정

**강유**

컴퓨터공학부 교수

최근 주변에서 빅 데이터라는 말을 들어 본 적이 있을 것입니다. 빅 데이터는 말 그대로 큰 데이터를 가리키는 것으로, 빅 데이터 기술이란 기존의 도구로 처리할 수 있는 역량을 넘어서는 대량의 데이터로부터 유용한 가치를 추출하는 기술을 의미합니다. 사회 모든 분야의 여러 구성 요소가 자동화되고 스마트폰·컴퓨터 등이 발달하면서 방대한 양의 데이터가 생성되었지요. 그래서 이를 분석하여 사회의 여러 문제를 해결할 수 있는 빅 데이터 기술에 대한 관심이 높아지고 있습니다.

## 갑자기 빅 데이터가 주목받게 된 이유

빅 데이터가 주목받기 시작한 것은 2000년대 중·후반부터인데요. 왜 갑자기 빅 데이터가 주목받게 되었을까요? 여기에는 크게 세 가지 이유가 있습니다.

첫째, 저장 장치 기술의 발달로 디스크 가격이 싸졌습니다. 요즘 30만 원짜리 하드 디스크를 사면 거기에 전 세계의 모든 노래를 저장할 수 있지요. 이처럼 저렴해진 저장 장치 가격은 더 많은 데이터를 저장할 수 있는 원동력이 되었습니다.

둘째, 어마어마한 데이터가 쌓였습니다. 요즘 많은 사람들은 스마트폰으로 손쉽게 사진을 찍고 SNS에 글을 게시합니다. 또한 정보 기술의 발달로 검색 엔진, 인터넷 포털, 커뮤니티 등 여러 서비스를 즐겨 활용합니다. 이러한 사람들의 행동은 일종의 데이터가 되어 쌓입니다. 그리고 사회의 여러 분야가 자동화되면서 이제는 기계들이 자동으로 데이터를 만들어 내기도 합니다. 예를 들어 거리 곳곳에 설치된 CCTV, 건물의 안전 상태를 진단하는 센서 등에서 대량의 데이터가 만들어집니다.

셋째, 빅 데이터를 효과적으로 처리하는 컴퓨터 기술이 크게 발전하여 예전보다 쉽게 빅 데이터를 분석할 수 있게 되었습니다. 하둡Hadoop과 스파크Spark라는 기술을 이용하면 수백, 수천 대의 컴퓨터를 동시에 사용하여 빅 데이터에서 유용한 정보를 뽑아 낼 수 있습니다.

## 얼마나 큰 데이터를 빅 데이터라고 할까?

빅 데이터를 정의하기 위해서는 데이터의 크기, 프로그램이 데이터를 처리하는 속도, 데이터 생성 속도를 고려해야 합니다.

빅 데이터라고 하면 일반적으로 수 테라바이트TB* 이상의 데이터를 지칭합니다. 하지만 어느 정도 크기의 데이터를 빅 데이터라고 할지 그 기준은 시대마다 달라질 수 있습니다. 1981년 미국 마이크로소프트사의 빌 게이츠는 "640KB의 메모리면 모두에게 충분하

---

* 컴퓨터 칩에 저장할 수 있는 정보량의 단위. 1테라바이트는 1바이트의 $10^{12}$배이다.

다."라고 하였습니다. 하지만 그로부터 약 40년이 지난 지금은 그보다 1만 배 큰 6GB의 메모리도 적은 양으로 여겨집니다. 따라서 올해 정의한 빅 데이터의 크기에 대한 기준이 5년 후에 달라질 수도 있는 것이지요. 그래서 시대에 관계없이 빅 데이터를 정의하는 좋은 방법이 생겼습니다. '컴퓨터 한 대에 저장하지 못할 정도로 큰 데이터'를 빅 데이터로 보는 것입니다. 즉, 시간이 지날수록 컴퓨터 한 대가 저장할 수 있는 데이터의 크기는 커질 텐데, 빅 데이터는 그것보다 큰 데이터라는 것이지요.

빅 데이터를 정의하는 기준은 컴퓨터 프로그램이 데이터를 처리하는 시간과도 연관이 있습니다. 이를 고려하여 빅 데이터를 정의하면 '컴퓨터 한 대가 하루에 처리하지 못할 정도로 큰 데이터'를 빅 데이터라고 할 수 있습니다. 그런데 컴퓨터 프로그램 중에는 데이터를 처리하는 데 시간이 적게 걸리는 간단한 프로그램이 있는 반면, 시간이 매우 오래 걸리는 복잡한 프로그램도 있습니다. 따라서 실행 속도가 빠른 프로그램의 관점에서는 빅 데이터라고 볼 수 있는 데이터의 크기에 대한 기준이 높지만, 실행 속도가 느린 프로그램의 관점에서는 작은 데이터도 빅 데이터로 여겨집니다.

또한 어떤 데이터가 빅 데이터인지를 판별하는 기준으로 데이터의 생성 속도도 있습니다. 이 점에서는 '실시간으로 처리하기 어려울 정도로 빠른 속도로 생성되는 데이터'를 빅 데이터라고 정의할 수 있습니다. 흔히 우리가 생각하는 데이터는 파일 형태로 컴퓨터에 저장된 정적 데이터입니다. 하지만 실시간으로 생성되는 동적 데이터도 우리 주변에서 많이 볼 수 있습니다. 트위터 같은 SNS에 올라오는 메시지, 센서 데이터 등이 동적 데이터입니다. 이러한 동적 데이터는 끊임없이 빠른 속도로 생성되므로 그 크기를 미리 알기 어렵고, 또한 실시간으로 분석이 이루어져야 하는 경우가 많기 때문에 매우 빠른 처리 속도가 필요합니다.

## 다양한 곳에서 활용되는 빅 데이터

빅 데이터는 사회의 모든 분야에서 데이터에 기반한 정확한 의사결정을 가능하게 함으로써 사회 혁신에 기여합니다. 이와 관련된 많은 사례가 있지만 여기에서는 빅 데이터를 통한 광고와 배송 혁신, 그리고 사기 탐지 사례를 소개하겠습니다.

소비자에게 알맞은 상품을 광고하는 것은 기업의 매출 및 수익 증대를 위하여 매우 중요한 일입니다. 많은 회사들은 대중을 대상으로 주로 텔레비전이나 신문 등을 활용하여 광고를 해 왔습니다. 하지만 최근 상품 및 소비자 정보와 관련된 데이터가 대량으로 쌓이면서 이들을 활용하여 개인화된 광고를 추진하는 회사가 늘고 있습니다. 대표적으로 미국의 인터넷 쇼핑 사이트 아마존은 소비자의 구매 내역이 담긴 빅 데이터에 기반하여 각 소비자에게 맞는 상품을 추천합니다. 이러한 맞춤형 추천 광고는 개인별 선호도를 정확히 반영하여 소비자의 구매 가능성을 극대화한다는 점에서 대중을 대상으로 하는 광고보다 훨씬 효율적입니다.

빅 데이터는 온라인 쇼핑에서 매우 중요한 요소 중 하나인 배송도 혁신하고 있습니다. 기존에는 일단 소비자가 상품을 주문하면 그에 따라 제품을 준비하여 소비자에게 배송하는 시스템으로 운영되었는데, 최근 주요 온라인 쇼핑 기업들은 '예측 배송'을 하고 있습니다. 이는 방대한 상거래 내역과 관련된 빅 데이터를 분석하여 각 제품이 언제 어디에서 얼마만큼 주문될지를 예측함으로써, 제품을 소비자가 있는 곳과 가까운 장소로 미리 옮겨 두는 방식입니다. 이를 통하여 소비자는 구매한 상품을 이전보다 더 빠르게 배송받을 수 있게 되었습니다.

또한 빅 데이터는 온라인 쇼핑에서 사기를 탐지하는 데도 쓰입니다. 온라인으로 물건을 거래할 때 어떤 이들은 간혹 익명성을 이용하여 사기를 칩니다. 돈을 받고 물건을 보내지 않거나 고장 난 물건을 보내는 식이지요. 이러한 사기 거래자의 친구 관계 및 거래 패턴은 다른 사용자의 그것과 다르기 때문에 데이터에 기반하여 사기를 탐지할 수 있습니다. 예를 들어, 이베이라는 전자 상거래 사이트에서 사기 거래자는 조력자 계정을 만들어 자신의 평판을 높이는 데 활용합니다. 또한 이 조력자 계정의 정체를 숨기기 위하여 조력자 계정이 다른 정상 사용자의 평판도 높이도록 합니다. 이러한 계정들의 관계와 행동 데이터를 분석함으로써 악성 사용자와 조력자 계정을 찾을 수 있습니다. 그 결과 일반 사용자들은 온라인 쇼핑몰을 조금 더 안전하고 편하게 사용할 수 있습니다.

### '거대한' 빅 데이터 기술, 어떻게 더 발전할까?

앞으로 빅 데이터 기술은 점점 더 많이 생성되는 데이터를 효과적으로 처리하고, 중요한 지식을 추출하여 최적화된 의사 결정에 도움을 주는 방향으로 발전할 것입니다. 특히, 실시간 데이터 분석과 복합 빅 데이터 분석 기술이 주목받을 것으로 예상합니다.

컴퓨터와 모바일 기술의 발전 덕분에 실시간으로 빅 데이터를 생성하는 다양한 장치와 분야가 늘어나고 있습니다. 지금 이 순간에도 스마트폰, 웨어러블 센서, 가정용 네트워크 장비 등에서 실시간 데이터가 끊임없이 생성되고 있지요. 이렇게 실시간으로 생성되는 빅 데이터에 대한 분석 및 예측 기술은 신속한 의사 결정에 큰 도움을 줄 수 있을 것입니다.

또한 각기 다른 분야에서 다양하고 복잡하게 연관된 빅 데이터를 활용할 수도 있습니다. 어떤 사람이 좋아하는 음식, 즐겨 하는 행동에 대한 데이터를 기반으로 그 사람의 향후 질병 발생 가능성을 예측함으로써 그 사람에게 질병 예방을 위한 행동 변화를 제시할 수 있을 것입니다. 이처럼 빅 데이터에 기반한 최적화된 의사 결정은 사회 전 영역에서의 혁신을 가져오고, 이는 결국 인류의 삶의 질을 몇 단계 끌어올리는 데 크게 기여할 것입니다.

# 2부

# 초연결 시대,
# 소통의 방식을
# 모색하다

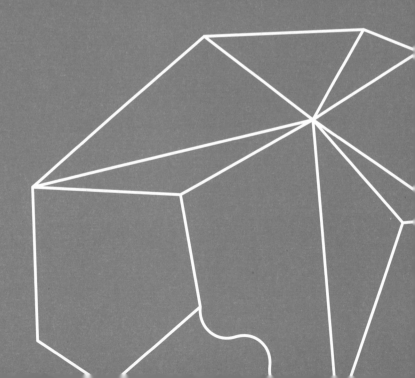

# 1

## 가상의 공간을
## 여행하는 교통수단,
## 알고리즘

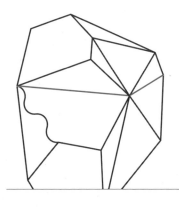

#알고리즘

#유전알고리즘

**문병로**

컴퓨터공학부 교수

2016년 3월, 인공 지능 바둑 프로그램인 알파고가 세계적인 프로 기사인 이세돌을 이겼습니다. 이를 두고 어떤 이는 이런 말을 하였습니다. "알파고는 수천 대의 컴퓨터로 모든 경우의 수를 계산해 놓고 기다리기 때문에 이 게임은 이세돌 한 명과 수천 명의 바둑 기사가 싸우는 것과 마찬가지이다. 기계가 인간을 가지고 놀고 있는 것이다."

이는 말도 안 되는 착각입니다. 바둑이 얼마나 복잡하고 경우의 수가 많은지 몰라서 하는 말입니다. 바둑을 두는 것은 문제를 푸는 것과 다르지 않습니다. 그리고 문제를 푼다는 것은 공간을 여행하는 것과 같다고 할 수 있습니다. 이게 무슨 뜻인지 지금부터 자세히 설명해 보겠습니다.

### 문제를 공간으로 형상화하라

다음 그림(44쪽 상단)은 문제를 공간으로 형상화한 것입니다. 가로세로 줄은 문제의 공간을 의미하고 그들이 만나서 생긴 점은 하나의 답에 해당합니다. 각각의 점은 서로 다른 높이에 놓여 있는데 이 높이가 답의 품질이 됩니다. 품질이 좋은 답은 높은 곳에 있고, 품질이 낮은 답은 낮은 곳에 있습니다. 이 같은 형태의 문제에서는 제일 높은 봉우리가 우리가 찾고 싶은 답입니다. 조금 어렵다고 하는 문제들은 이 그림과는 비교할 수 없을 정도로 복잡하고 꼬인 형태를 보

입니다. 이를 알았다면 알파고가 인간을 가지고 논다는 이야기는 할
수 없었을 것입니다.

### 가장 높은 봉우리를 찾다

우리가 알고리즘으로 답을 찾는다는 것은 위 그림과 같은 공간에
서 높은 곳에 있는 봉우리를 찾는 겁니다. 그러니 알고리즘은 이런
공간에서 답을 찾아다니기 위하여 활용하는 교통수단이라고 할 수
있겠지요. 가장 단순한 알고리즘은 모든 답을 다 찾아다니면서 확인
하는 겁니다. 이것을 완전 탐색exhaustive search이라고 하는데 더 쉽게 표
현하자면 '빠짐없이 다 뒤지기' 또는 '이 잡듯이 뒤지기'입니다.

어떤 영업 사원이 여러 명의 고객을 다 방문하고 돌아와야 할 때 어떤 경로로 고객을 찾아가는 것이 가장 거리가 짧을까요? 이것은 컴퓨터 과학에서 가장 어려운 문제 중 하나입니다. 이 잡듯이 뒤지기 방법을 써서 이 문제를 풀려면 시간이 얼마나 걸릴까요? 한 영업 사원이 방문해야 할 고객은 총 25명이고 이들을 만나고 돌아오는 가장 짧은 경로를 찾는다고 해 봅시다. 제 책상에 있는 컴퓨터로는 1초에 대략 150만 가지의 경로를 살펴볼 수 있습니다. 이런 속도로 25명을 방문할 수 있는 모든 경우의 수를 다 살펴보려면 무려 130억 년이 걸립니다. 방문해야 할 고객이 27명이면 약 9조 년이 걸립니다. 30명이 안 될 때도 이 정도인데 고객이 1,000명으로 늘어나면 어떻게 될까요? 물론 요즘에는 알고리즘 기술이 발달한 덕분에 고객의 수가 8,000명까지 늘어난다 해도 다 찾아보지 않고도 짧은 시간 안에 가장 좋은 답을 찾아냅니다.

우리는 평생 눈앞에 펼쳐지는 3차원 풍경을 보면서 삽니다. 우리가 푸는 문제들도 저마다 풍경이 있습니다. 다만 그것들은 우리 눈앞의 3차원 풍경과는 비교할 수 없이 복잡합니다. 4차원만 되어도 우리가 한눈에 식별할 수 있는 그림으로 표현할 수 없습니다. 그런데 우리가 푸는 어려운 문제들은 예사로 수천, 수만 차원이 되지요. 그런 문제들에도 역시 봉우리와 골짜기가 있습니다. 알고리즘은 그런 공간을 여행하면서 가장 높은 봉우리를 찾아다닙니다.

봉우리가 많아질수록 여행은 어려워집니다. 앞에서 본 영업 사원 문제의 봉우리 수는 얼마나 될까요? 방문해야 할 고객이 5명이면 봉우리는 보통 약 4개가 생깁니다. 고객이 20명으로 늘어나면 봉우리는 약 170개가 됩니다. 문제의 크기는 4배 커졌는데 봉우리는 약 43배 많아졌습니다. 고객이 100명이면? 봉우리의 수는 무려 3경 4,000조 개 정도나 됩니다. 문제는 5배 커졌는데 봉우리는 200조 배 더 많아졌습니다. 어마어마한 증가 속도이지요.

### 알고리즘의 시작, 생각하는 법부터 배우기

집을 지으려면 철근의 강도와 무게, 전기 배선의 설계 등은 물론 땅 파기, 콘크리트 다지기, 지붕 만들기 같은 다양한 작업을 이해해야 합니다. 만일 이런 것을 하나도 모른다면 아마도 진흙을 바닥부터 쌓아 올리는 방식으로 집을 지을 겁니다. 이렇게 만든 집은 비가 많이 오면 벽이 물에 녹아 버리고 말겠지요.

알고리즘을 만들기 위해서도 필요한 부품들이 있습니다. 실제로 형태가 있는 것이 아닌 머릿속에서 상상해서 만드는 부품이지요. 이런 부품들을 자료 구조라고 합니다. 이들을 이용하여 문제 해결 과정을 잘 만드는 법을 배우는 것이 바로 알고리즘입니다. 알고리즘에서 가장 중요한 것은 생각하는 법을 배우는 것입니다. 어떤 문제에 대한 알고리즘 하나를 배우면 그 문제만 풀 수 있지만, 생각하는 방법을 배우면 앞으로 만날 문제들을 미리 해결하는 셈이 되지요.

알고리즘에서 생각하는 방법은 다양합니다. 가장 단순한 것은 눈앞의 이익만 좇는 방식의 알고리즘입니다. 물론 이 방법이 이 잡듯이 뒤지기 방법보다는 낫지만 이런 알고리즘은 대개 결과가 좋지 않습니다. 사람이 눈앞의 이익만 좇으며 살면 당장의 이익은 얻겠지만 결국 나쁜 결과를 얻는 것과 비슷하다고 할 수 있지요. 여러 가지 다양한 것을 경험해 봐야 시야가 넓어지고 실력이 느는 것처럼 알고리즘도 눈앞의 이익을 좇기보다는 다양한 시도를 해 보는 것이 중요합니다.

## 알고리즘의 핵심, 내 안에서 닮은 나를 발견하기

알고리즘에서 나타나는 아주 중요한 현상 중 하나는 자기 자신을 포함하는 것입니다. '재귀'라고 부르지요. 성격이 똑같지만 크기가 더 작은 문제가 자기 안에 포함되어 있는 걸 말합니다. 100개의 수를 크기가 작은 순서대로 줄 세우는 방법을 생각해 봅시다. 우선 왼쪽부터 끝까지 죽 훑어보고 가장 큰 수를 찾습니다. 이 수를 가장 오른쪽 끝에 있는 수와 자리를 바꿉니다. 그러면 이제 제일 큰 수가 가장 오른쪽에 자리 잡게 됩니다. 이 수는 줄 세우기 작업이 끝날 때까지 더 이상 움직이지 않아도 되지요. 같은 방식으로 제일 오른쪽 수를 뺀 나머지 99개의 수를 가지고 줄 세우기를 하면 됩니다. 다시 한

번 상황을 정리해 보겠습니다. 100개의 수를 죽 훑어 가장 큰 수를 찾아 이를 맨 오른쪽 수와 자리 바꾸는 수고를 하고 나면, 자신과 성격이 똑같지만 크기가 하나 작은 99개짜리 문제를 만나게 됩니다. 99개짜리 문제도 같은 식으로 하면 자신과 성격이 똑같지만 크기가 하나 작은 98개짜리 문제를 만나겠지요. 이런 식으로 자신과 닮은꼴인 문제를 찾아 자신과 관계 짓는 것이 알고리즘의 가장 중요한 사고방식이라 하겠습니다.

## 유전 알고리즘, 컴퓨터에 섹스를 도입하다

우리 머릿속에 얽혀 있는 신경의 모습이나 진화의 원리를 흉내 내어 문제를 해결하는 알고리즘도 있습니다. 2003년 '진화를 이용하는 알고리즘' 분야의 대표적인 학술 대회인 GECCO^Genetic and Evolutionary Computation Conference에서 이 분야의 아버지 격인 존 홀랜드가 연설을 하였습니다. 홀랜드는 자신을 '컴퓨터에 처음으로 섹스를 도입한 사람'이라고 소개하였고 청중들은 폭소를 터뜨렸습니다. 컴퓨터에 섹스를 도입하였다는 게 도대체 무슨 뜻일까요?

진화의 원리는 매우 단순합니다. 여러 마리의 동물 중 둘이 선택되어 짝짓기를 합니다. 짝짓기는 두 동물의 유전자(내용물)를 섞어서 새로운 개체(자식)를 하나 또는 여럿 만드는 일입니다. 이렇게 만들어진 자식이 환경에 잘 적응하면 자식을 남길 기회(짝짓기를 할 기회)

를 더 많이 얻습니다. 왜냐하면 동물이나 사람이나 우수한 개체에 더 매력을 느끼니까요. 이런 단순한 원리를 반복한 결과 우리 인간과 같은 복잡한 존재가 생겨난 겁니다. 이런 진화의 원리를 문제를 해결하는 데 접목한 것이 바로 유전 알고리즘Genetic Algorithm입니다.

단순한 것에서 꽤 복잡한 것을 만들어 내는 예로 셀룰러 오토마타Cellular Automata라는 것이 있습니다. 이것은 각 부분이 주변의 상태를 참조하여 변합니다. 이런 단순한 행동을 반복하여 꽤 복잡한 패턴을 만들어 내고는 합니다. 얼룩말이나 조개껍데기의 무늬도 이런 방식으로 만들어진 것으로 추측합니다. 복잡해 보인다고 다 복잡한 원리를 가진 것은 아닙니다. 우리는 보통 복잡한 것은 다 복잡한 원리로 만들어진다고 생각하지만, 오히려 단순한 원리가 겹쳐지면 원래의 원리로는 전혀 설명할 수 없는 복잡해 보이는 구조가 만들어지기도 합니다.

## 무궁무진한 알고리즘의 능력

주식 시장은 매일 매일의 주식 가격과 회사들의 재무제표 등 여러 가지 숫자들로 넘쳐 납니다. 알고리즘을 활용하면 이런 데이터를 통하여 주식 시장에서 투자 이익을 더 많이 얻을 수 있는 방법을 찾을 수 있습니다. 반도체 분야에서도 알고리즘이 쓰입니다. 반도체 칩 안에는 조그만 구성물들이 수없이 많이 들어 있습니다. 이런 구성물들을 반도체 칩 안 어디에 놓을지, 각각을 어떻게 연결해서 가장 작고 빠른 칩을 만들 수 있을지 고안하는 데 알고리즘이 조력자 역할을 합니다.

택배 회사는 하루에 많게는 300만 건의 배달을 해야 합니다. 300만 건의 배달을 어느 택배 기사에게 나눌 것인가? 택배 기사는 자신에게 배정된 물건을 어떤 순서로 배달할 것인가? 이런 것도 알고리즘이 잘할 수 있는 일입니다. 미국에서는 이미 25년 전부터 택배에 유전 알고리즘을 써 온 반면, 우리나라 택배 회사들은 이를 아직 제대로 시작하지 않은 상태입니다.

여러분을 포함해서 인터넷에서 활동하는 사람들은 흔적을 남깁니다. 이것이 인터넷 기업들에는 보물과도 같습니다. 기업들은 이런 데이터를 알고리즘에 넣어서 사람들이 무엇을 좋아할 것인가, 같은 물건이라도 어떻게 광고할 것인가를 정합니다. 어떤 때는 여러분이 좋아하는 것을 알고리즘이 더 잘 아는 경우도 있습니다. 넷플릭스의 영화 추천, 멜론의 음악 추천 등은 이미 경험한 분들이 많을 것입니다. 게임 분야에서도 사용자들의 데이터가 넘쳐 나지요. 이를 이용하여 어떤 게임을 추천할 것이며, 게임 중인 사용자에게 어떤 제안을 하면 가장 재미있게 게임을 할 수 있을지를 연구합니다. 알고리즘은 인공 지능이란 말과 더불어 앞으로 자주 만나게 될 용어입니다. 아주 다양한 분야, 여러 환경에서 감초처럼 만나게 될 겁니다.

# 2

# 사람처럼
# 생각하는 기계를
# 만들 수 있을까?

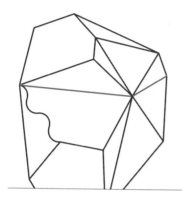

#인공지능

#기계학습

#딥러닝

윤성로

전기·정보공학부 교수

전기차 업체 테슬라의 창업자 일론 머스크가 세운 비영리 인공 지능 연구 기관인 OpenAI에서 최근 GPT-3라는 기술을 발표하였습니다. 이는 언어 처리 인공 지능으로, "지금 세계 인구가 대략 얼마야?"라는 사실에 근거한 질문들뿐 아니라, "신이 있느냐?" 같은 다소 어렵고 철학적인 질문에도 천연덕스럽게 척척 답을 내는 뛰어난 성능 때문에 화제가 되었습니다. 한편, 이 기술이 가짜 뉴스나 엉터리 지식을 대량으로 만들어 내서 사람들을 혼란에 빠뜨릴 수 있다는 우려도 있습니다. 그렇다면 인공 지능이란 무엇일까요? 인공 지능은 앞으로 우리 삶에 어떻게 관여하게 될까요?

## 인공 지능이란

심장의 기능을 대신하도록 만든 장치가 인공 심장이고, 우리의 피부를 대체할 수 있도록 만든 것이 인공 피부입니다. 그렇다면 인공 지능은 무엇일까요? 심장이나 피부와 달리 지능은 눈에 보이지 않습니다. 지능이 두뇌에서 비롯된다는 가정 아래, 인공 지능이란 두뇌가 하는 일이나 기능을 대신하도록 만든 것이라 할 수 있지요. 보통 인공 지능이라고 하면 컴퓨터 시스템을 사용하여 인간의 지능을 구현하는 것을 의미합니다.

인공 지능의 개념이 대두된 것은 1940년대 후반으로 알려져 있습니다. 현대적인 컴퓨터가 태동하던 시기이지요. 제2차 세계 대전 당시 이름을 날린 암호학자이자 컴퓨터 과학의 선구자 중 하나인 앨런 튜링Alan Turing은 1950년에 쓴 논문에서 '기계가 생각하는 것이 가능한 지'에 대한 화두를 던졌습니다. 이후 인공 지능을 실현하려는 많은 노력이 있었지만 실패를 거듭하였고, 얼마 전까지도 'AI 겨울'이라고 불리는 혹독한 시기를 겪었습니다. 추우면 밖에 안 나가려고 하듯이 연구자들이 AI 연구를 기피하던 시기였지요.

## 인공 지능 역사에서의 결정적 한 방

최근 들어 인공 지능이 각광을 받게 된 것은 크게 두 가지 이유 때문이라고 볼 수 있습니다. 컴퓨터와 반도체의 발달 덕분에 많은 양의 계산을 효율적으로 할 수 있게 되었고, 그간 빅 데이터가 생성되었기 때문이지요. 계산compute을 위하여 탄생한 컴퓨터로 지능을 구현하려는 것이 현재의 인공 지능 기술인 만큼, 많은 양의 계산을 빨리하게 되었다는 점은 인공 지능 역사에서 큰 의미가 있습니다. 또한 사람이 지적 능력을 높이기 위하여 책을 읽고 다양한 경험을 하듯이, 인공 지능의 능력을 향상시키는 데 데이터의 역할은 매우 중요합니다. 컴퓨터가 보고 배우는 책이자 경험이 바로 데이터인 셈이지요.

과거 AI 겨울이라고 일컬어지던 시절의 인공 지능과 요즘 잘나가는 인공 지능을 구분하는 결정적 한 방은 바로 규칙 기반의 AI이냐,

데이터 기반의 AI이냐 하는 점입니다. 지금처럼 데이터를 모으기가 쉽지 않던 시절에는 규칙을 주입해서 컴퓨터가 학습하도록 하는 방식의 기계 학습이 주를 이루었습니다. 예를 들어, 한영 자동 번역기는 한글 문법 규칙과 영어 문법 규칙을 컴퓨터로 구현하고 이용하는 방식이지요. 명확한 규칙이 있을 때 잘 작동하는 방식입니다. 하지만 "예외 없는 규칙은 없다."라는 말처럼, 현실에는 규칙화할 수 없는 상황이 너무 많이 존재합니다. "오늘 날씨가 찌뿌둥하니 파전에 막걸리가 당기네."라고 이야기하면 사람은 대부분 잘 알아듣지만, 얼마 전까지 우리가 자주 사용하던 자동 번역기는 이를 제대로 이해하지 못하여 엉뚱한 외국어 문장을 내놓았습니다.

최근 주목받는 인공 지능의 경우 방대한 양의 데이터를 학습하여 규칙을 스스로 찾아내도록 하는 딥 러닝에 기반을 두고 있기 때문에 기존 규칙 기반의 인공 지능보다 성능이 월등히 뛰어납니다. 사진을 보고 남녀를 구분하고, 강아지의 종류를 찾는 일은 오히려 사람보다 더 잘하지요. 실제 사용되는 인공 지능 기술은 이러한 데이터 기반과 규칙 기반을 잘 버무려 '짬짜면' 스타일로 구현되는 경우가 많습니다.

### 인공 지능, 주입식 교육으로 화려하게 부활하다

인공 지능에는 여러 종류의 기술이 존재합니다. 그중에서도 앞에서 이야기한 기계 학습이라는 방법이 주요하게 사용됩니다. 기계(컴퓨터)가 학습하여 주어진 일을 처리하도록 하는 기술인데, 크게 세 가지 학습 방법을 사용합니다. 첫 번째는 답안과 함께 준비된 문제를 컴퓨터가 반복해서 풀면서 학습하는 방식입니다. 예를 들면, 남자 사진 1,000장과 여자 사진 1,000장을 준비해서 남녀 사진을 구분하게 하는 것이지요. 매우 많은 양의 문제를 반복적으로 풀게 하여 결국 틀린 문제가 없게 한다는 점에서 주입식 교육과 닮았습니다. 정해진 답을 바탕으로 지도supervision가 이루어진다고 하여 지도 학습supervised learning이라고도 불립니다. 두 번째는 읽을거리만 주고 답은 따로 없는 형태의 학습입니다. 정답을 찾기보다 귀에 걸면 귀걸이, 코에 걸면 코걸이 식으로 주어진 데이터를 잘 설명할 수 있다면 그어떤 풀이도 답으로 인정하는 방식입니다. 사람들의 사진 1,000장을 주고 이를 원하는 대로 분류하게 하는 것이 이에 해당하지요. 답이 없는 형태의 학습이라 비지도 학습unsupervised learning이라고도 합니다. 세 번째는 사람이 학습하는 방식과 가장 유사한데, 주어진 환경에서 경험과 교감interaction을 통하여 학습하는 방법입니다. 아이들이 김이나는 뜨거운 물에 손을 넣었다가 놀라서 뺀 후, 그 경험으로 김이 나는 물은 뜨거우니 손을 대지 않는 것이 좋겠다고 깨닫는 것과 같은 이치입니다. 경험을 통하여 학습을 강화해 간다는 의미가 있어서 강화 학습reinforcement learning이라고도 불립니다.

최근에는 앞의 세 가지 학습 방법 외에도 새로운 형태의 학습 이론들이 활발히 제안되고 있습니다. 하지만 인공 지능을 이해하기 위해서는 이 세 가지 학습 방법을 잘 알아야 합니다. 특히 인공 지능의 부활을 이끈 영상 인식은 엄청나게 많은 데이터를 기반으로 주입식 지도 학습을 시킨 결과물입니다. 수억 장의 사진을 반복해서 보여주고 사진 속에서 스스로 중요한 특징을 찾아내게 하는 방식을 사용하였지요. 요즘에는 지도 학습을 넘어서 비지도 학습이나 강화 학습, 그리고 모든 방식을 어우르는 형태의 학습이 점점 각광 받고 있습니다. 알파고는 강화 학습을 중심으로 하되, 지도 학습과 비지도 학습을 적절히 섞어 좋은 성과를 낸 사례입니다.

이렇듯 인공 지능의 성공을 위해서는 엄청난 양의 데이터가 필요합니다. 하지만 모든 분야에서 골고루 많은 데이터를 수집할 수 있는 것은 아닙니다. 주입식 교육에 사용할 수 있을 만큼 많은 수의 문답이 준비되어 있는 경우는 생각보다 많지 않습니다. 그렇다면 데이터가 별로 많지 않을 때는 최신 인공 지능 기술을 적용하는 게 불가능할까요?

### 진짜 같은 가짜 만들기

데이터가 부족한 상황을 해결하기 위한 방법으로 생성적 적대 신경망Generative Adversarial Network, GAN 기술이 유용하게 쓰입니다. 이것은 학습을 위한 데이터를 뻥튀기하듯 생산할 수 있는 마술과도 같은 방법입니다. GAN이라는 용어 자체는 어렵게 들릴 수 있지만, 그 개념은 이해하기 어렵지 않습니다. '슈퍼노트supernote'라는 말을 들어 본 적이 있나요? 세계 경제의 기축 통화 중 하나인 미 달러화의 초정밀 위조지폐를 의미합니다. 너무나 정교하게 만들어져서, 웬만한 감별기로는 식별하기가 쉽지 않아 슈퍼노트라는 이름이 붙었습니다. 위조지폐를 만들어 내는 사람이 진짜 돈과 식별하기 어려운 가짜 돈을 만들어 내면 이를 구별하는 감별기의 성능도 향상될 수밖에 없습니다. 물론 감별기의 성능이 좋아질수록 가짜 돈도 감별기를 속이기 위하여 더욱 정교해지겠지요. 건전한 상황은 아닙니다만, 위조지폐범과 경찰이 경쟁하면서 서로 발전하는 상황이라고 할 수 있겠습니다. 즉, 위조지폐범이 (가짜 돈을 잘 만들어) 행복해지면 경찰은 (범죄가 늘어날 테니) 불행해지고, 위조지폐범이 불행해지면 경찰은 행복해지는 상황*이라고 할 수 있지요. 이 기술을 이용하면 진짜 학습용 데이터 (진짜 돈)와 유사한 가짜 학습용 데이터(가짜 돈)를 마구 만들어 낼 수 있습니다. 그리고 이 가짜 데이터를 이용하여 인공 지능을 위한 기계 학습이 가능하게 되는 것이지요. 간단한 아이디어지만 아주 유용하겠지요?

---

\* 　경제학이나 수학, 컴퓨터 과학 분야에서 연구하는 게임 이론에서는 이런 상황을 제로섬(zero sum) 게임이라고 한다.

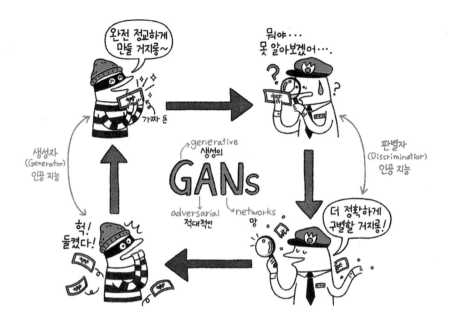

생성적 적대 신경망은 생성자(Generator)와 판별자(Discriminator)로 불리는 두 신경망이 상호 경쟁하면서 학습하는 모델을 말한다. 생성자는 실제에 가까운 거짓 데이터를 생성하고 판별자는 생성자가 내놓은 데이터가 실제인지 거짓인지 판별한다.

## 추락하는 것에 날개를 달아

그리스 신화에 나오는 이카로스를 아시나요? 이카로스는 밀랍으로 만든 날개를 어깨에 붙이고 하늘 높이 날아오릅니다. 그러나 태양에 너무 가까이 간 나머지 밀랍이 녹아 추락하고 말지요. 갑자기

이카로스의 이야기를 꺼낸 것은 현재의 인공 지능 기술을 되돌아볼 필요가 있기 때문입니다.

인공 지능 기술이라 함은 두뇌가 지능을 구현한다고 가정하고 두뇌가 작동하는 방식을 모방하여 컴퓨터를 학습시키는 기술이라 말할 수 있습니다. 이것은 마치 하늘을 나는 모든 생물(새나 곤충)이 날갯짓을 하는 것을 보고 날갯짓이 비행의 본질이라는 가정을 한 후 '인공 날개'를 어깨에 장착하고 언덕에서 뛰어내렸던 사람들의 모습과 유사합니다. 비록 그 누구도 날갯짓만으로 하늘을 날지는 못했지만, 그 시도들 덕분에 인류는 비행 역학Aerodynamics과 비행의 본질을 알게 되었고, 그 본질을 알게 된 덕분에 날갯짓 없이 엔진의 힘만으로 하늘을 나는 비행기를 만들 수 있었습니다. 반면 인류는 아직 지능의 본질을 알지 못한 채, 인공 날개를 어깨에 메고 비행을 꿈꿨던 것과 같은 수준의 인공 지능을 구현하고 있습니다. 계산을 위한 컴퓨터로 지능을 구현하는 것이 올바른 접근일까요?

계산을 위한 컴퓨터만큼 지능을 구현하기 위한 새로운 도구와 기계가 필요합니다. 다행히 많은 연구자의 노력 덕분에 인공 지능의 수준이 엄청난 속도로 발전하고 있습니다. 더불어 뇌 과학이나 신경 과학의 발전으로 지능의 본질을 깨닫는 데 한 걸음 한 걸음 다가서고 있습니다. 인류가 지능의 본질을 깨닫는 순간, 본격적인 날갯짓이 시작될 것이고 태양 가까이 비행하여 신의 영역에 도전하는 일도 더 많아지게 될 것입니다. 과연 인류는 이카로스의 길을 가게 될까요, 아니면 그의 한계를 뛰어넘을 수 있을까요?

# 3

# 포켓몬은 어떻게
# 내 방에 들어왔을까?

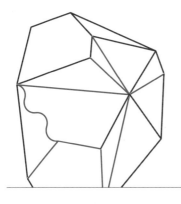

#가상현실
#증강현실

**이병호**

전기·정보공학부 교수

가상 현실Virtual Reality, VR 혹은 증강 현실Augmented Reality, AR이라는 말을 들어 본 적 있지요? 요새는 이 개념을 더욱 넓혀서 혼합 현실Mixed Reality, MR이나 확장 현실eXtended Reality, XR이라는 말도 쓰고 있습니다. 이런 단어를 들으면 영화나 게임이 먼저 떠오를지도 모르겠습니다만, 사실 이 기술들은 사회 여러 분야에 다양한 방식으로 적용될 수 있습니다.

## 우리를 가상의 공간으로 초대하는 가상 현실

게임을 하거나 영화를 볼 때 직접 화면 안으로 들어가 적을 무찌르고 싶다는 생각을 한 번쯤 해 보았을 것입니다. 마우스로 총알을 발사하는 것도 재미있지만 직접 총을 들고 게임 속으로 들어가는 것이 훨씬 실감 나고 재미있을 테니까요. 가상 현실은 이런 우리의 상상을 이루어 주기 위하여 빠르게 발전하고 있습니다.

가상 현실은 컴퓨터로 만들어 낸 가짜의 공간 안에서 사람이 시각, 청각을 통하여 몰입된 체험을 할 수 있게 해 주는 신기술입니다. 백화점이나 대형 쇼핑몰에서 게임, 영화, 스포츠 등을 가상 현실에서 즐길 수 있게 설치해 둔 VR 체험 공간을 본 적이 있을 것입니다. 그런 장소에는 보통 머리에 쓰는 헤드기어 형태의 기기가 마련되어 있는데, 이 기기가 가상 현실을 제공해 줍니다.

우리가 VR 기기를 통하여 가상 현실을 받아들이는 원리는 사람이 일상생활에서 3차원 정보를 느끼는 원리와 비슷합니다. 잠깐 쉬어

갈 겸 우리가 3차원 정보를 어떻게 느끼게 되는지 간단한 체험을 통하여 알아봅시다.

여러분, 우선 근처에 있는 물건 중 아무거나 2개를 준비해 주세요. 그중 한 개는 손으로 잡아서 여러분 눈앞 가까이에, 다른 한 개는 조금 멀리 떨어진 책상 위에 놓아 보세요. 이제 남은 한 손으로 오른쪽 눈을 가리고 왼쪽 눈으로만 그 두 물체를 한번 유심히 보세요. 자, 이번에는 왼쪽 눈을 가리고 오른쪽 눈으로만 두 물체를 봅니다. 다른 점을 찾았나요? 만약 찾지 못했다면 이번에는 조금 빠르게 왼쪽, 오른쪽 눈을 번갈아 가리면서, 혹은 윙크를 번갈아 하면서 한쪽 눈으로만 두 물체를 보세요. 그러면 두 물체의 모습이 양쪽 눈에 다르게 인식된다는 것을 알 수 있을 겁니다. 오른쪽 눈을 감으면 멀리 있는 물체가 눈앞에 있는 물체보다 왼쪽에 있는 걸 볼 수 있고, 왼쪽 눈을 감으면 멀리 있는 물체가 눈앞의 물체보다 오른쪽에 있는 걸 볼 수 있습니다. 당연하고 쉬운 원리인데, 이 당연한 원리가 3차원 정보를 느끼는 바탕이 됩니다. 정리하면, 왼쪽 눈과 오른쪽 눈이 받아들이는 정보의 차이를 통하여 사람은 3차원 정보를 인식할 수 있는 것이랍니다.

VR 기기가 가상 현실을 제공하는 원리도 이와 똑같습니다. 컴퓨터로 왼쪽 영상, 오른쪽 영상을 만들고 기기를 통하여 그 정보를 사람에게 보여 주면 됩니다. 그래서 VR 기기들이 안경처럼 왼쪽, 오른쪽 영상을 따로 볼 수 있게끔 만들어진 것이지요.

## 현실과 가상의 공간을 합쳐 주는 증강 현실

2016년 출시와 함께 큰 인기를 끌었던 증강 현실 게임 '포켓몬 고'를 아시나요? 스마트폰 카메라로 공원, 건물, 도로 등 현실의 공간을 비추었을 때 포켓몬이 발견되면 스마트폰을 쥔 손으로 포켓볼을 던져 포켓몬들을 잡는 게임입니다. 이처럼 증강 현실은 실제로 존재하는 사물이나 환경에 가상의 사물이나 환경을 덧입히는 기술을 말합니다.

증강 현실 기술이 발전함에 따라 그것을 적용할 수 있는 분야도 점점 더 많아지고 있습니다. 대표적인 사례 중 하나가 가구 쇼핑몰 이케아에서 제공하는 애플리케이션입니다. 애플리케이션을 실행하면 사려는 가구를 원하는 위치에 미리 배치해 볼 수 있습니다. 가상 영상을 스마트폰 화면에 겹쳐서 보여 주는 수준을 넘어, 안경이나 헤드기어 형태로 만들어 직접 착용할 수 있도록 한 제품들도 나오고 있습니다. 이런 제품들은 더욱 현실감 있는 증강 현실을 제공하지요. 기기를 몸에 장착한 채로 자유롭게 활동할 수 있기 때문에 외과 의사나 비행기 조종사 같은 이들에게 큰 도움을 줄 수도 있습니다. 또한 필요한 정보를 실시간으로 제공해 주어 생활의 편리함을 더하기도 합니다. 대표적으로 마이크로소프트사가 홀로렌즈 사용자들에게 제공하는 홀로맵스 애플리케이션의 경우, 사용자가 실시간으로 3차원 지도를 눈앞에서 확인할 수 있습니다. 홀로렌즈 사용자는 누구나 이 지도에 들어 있는 정보를 바로 수정할 수 있기 때문에 다른 사용자에게 특정 장소의 교통 상황이나 날씨 상황 등을 바로 전달해 줄 수 있습니다.

그러나 이런 환상적인 기능이 있더라도 기기가 너무 크고 무겁다면 일상생활에서 사용하기에 많이 불편할 것입니다. 그래서 최대한 작고 가볍게 만들기 위하여 다양한 최첨단 기술들을 연구하고 있습니다. 가상 현실과 증강 현실을 구현하는 장치들에는 모두 작은 화면 속 물체를 크게 확대하기 위하여 돋보기처럼 볼록한 렌즈가 들어가 있습니다. 그런데 볼록 렌즈는 가운데가 볼록 튀어나와 있어서 얇게 만들기가 어렵습니다. 게다가 돋보기로 바깥 세상을 보면서 걸어 다닌다면 넘어지거나 사고를 당할 위험이 높을 것입니다. 창문처럼 투명하게 바깥을 있는 그대로 보여 주면서 화면 속 물체들만을 확대해 주는 신기한 장치는 어디 없을까요?

'홀로그램 광학 소자'가 바로 그 신기한 증강 현실 장치입니다. 이 장치는 놀랍게도 원하는 빛만 굴절 혹은 반사시킬 수 있습니다. 그래서 화면에 나오는 빛만 선택해 주면 바깥 세상은 보이면서 화면 속 물체는 크게 확대되는 마법 같은 일이 가능해집니다.

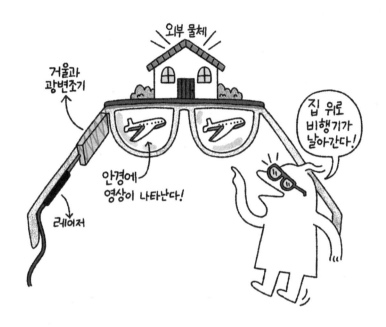

마이크로소프트사에서 만든 안경형 증강 현실 기기의 원리는 다음과 같다. 레이저에서 나온 빛이 영상을 싣고 거울(mirror)과 광변조기(phase LCOS)를 거쳐 안경 렌즈 앞에 투사된다. 그것이 홀로그램 광학 소자에 반사되어 눈으로 들어간다. 이것이 현실 세계의 외부 물체와 합쳐져서 증강 현실을 구현한다. 레이저, 거울, 광변조기를 대신하여 마이크로 유기 발광 다이오드(OLED)가 사용되기도 한다.

## 가상 현실과 증강 현실의 미래와 앞으로 해결해야 할 과제

게임이나 영화뿐만 아니라 교육, 의료, 군사, 스포츠, 생활 분야 등에서 가상 현실과 증강 현실 기술이 만들어 낼 가능성은 무궁무진합니다. 하지만 가상 현실과 증강 현실을 일상으로 더 가까이 가져오기 위해서는 아직 해결해야 할 문제들이 많이 남아 있습니다.

첫 번째는 사용자가 느끼는 피로감을 줄이는 것입니다. 현재 많이 사용하는 헤드기어 형태의 가상 현실 기기나 증강 현실 기기는 오래 사용할 때 피곤함과 어지러움을 유발합니다. 이 기기를 장시간 사용하였을 때 피로감을 느끼는 가장 큰 이유는 가상 영상이 우리의 움직임을 완벽하게 따라가지 못하기 때문입니다. 우리가 고개를 빠르게 돌리면 가상 영상도 같은 속도로 휙 돌아야 하는데, 컴퓨터의 처리 속도가 아직 그렇게 빠르지 못해서 가상 영상이 조금 느리게 우리의 움직임을 따라가는 것이지요. 이러한 불일치 현상으로 인하여 우리의 뇌는 혼란을 느끼고 이것이 울렁거림이나 어지러움으로 나타나게 됩니다.

사용자가 가상 현실 기기나 증강 현실 기기를 머리에 쓰고 사용할 때 피로감을 느끼게 만드는 또 하나의 요인이 있습니다. 앞서 설명한 대로 오른쪽 눈과 왼쪽 눈이 서로 약간 다른 영상을 보기에 그 영상은 사용자로부터 일정 거리를 갖는 위치에 떠 있는 것처럼 보입니다. 우리 눈의 수정체는 깨끗한 상을 보기 위하여 초점을 맞추는데 그 초점을 맞추는 거리가 다릅니다. 3D 영화관에서도 비슷한 일이 생깁니다. 두 눈이 모이는 각도는 떠 있는 영상의 위치를 향하지만, 두 눈의 수정체는 망막에 깨끗한 상이 맺히도록 스크린에 초점을 맞춥니다. 이 문제를 해결할 방법에 대한 연구도 활발하게 진행되고 있습니다.

두 번째는 기기나 장치들이 너무 무겁고 착용하기 불편하다는 점입니다. 가상 현실이나 증강 현실을 구현하는 장치 안에는 영상을 만들고 여러 가지 계산을 하기 위한 작은 컴퓨터가 들어가 있는데, 오래 착용하기에는 장착된 컴퓨터의 무게가 무겁습니다. 일상생활에서 이런 기기들을 부담 없이 사용하려면 컴퓨터와 관련된 장치들이 더 가볍고 작아져야 할 뿐만 아니라, 영상 정보 처리 속도도 빨라져야 하고, 장치의 착용감과 모양새도 지금보다 나아져야 할 것입니다.

반가운 소식은 이런 문제들을 극복하기 위한 노력이 정말 활발히 진행되고 있다는 것입니다. 몇 가지 예를 들자면 중심와fovea 기법, 광계light field 디스플레이, 메타렌즈metalens 연구 등이 있습니다. 중심와 기법이란 사람의 눈이 어떤 방향을 보는지 실시간으로 파악하면서, 눈의 망막에서 시세포 밀도가 높은 중심와에 고해상도 영상을 비추고 주변부에는 저해상도 영상을 비추어 눈의 움직임을 따라 빠르게 바뀌는 영상을 만들어 주는 것입니다. 광계 디스플레이는 각도마다 조금씩 다른 영상을 만들어 주는 기법으로, 피로감이 적은 입체 영상을 제공할 수 있습니다. 메타렌즈는 100만 분의 1미터보다 얇은 두께인 나노 광학 평면 렌즈로, 가상 현실 기기와 증강 현실 기기에 들어가는 렌즈를 혁신할 수 있는 기술입니다.

가상 현실 기기와 증강 현실 기기에 대한 연구·개발은 우리나라 기업들뿐 아니라 미국의 유수 IT 기업들도 엄청난 연구비를 들여 진행하고 있습니다. 수년 내에 가볍고 피로감이 적은 안경형 가상 현실 및 증강 현실 기기들을 우리 주변에서 흔히 보게 될 것입니다. 이러한 기기는 게임뿐만 아니라 DNA 입체 구조를 알기 쉽게 보여 주는 실감 나는 교육 도구, 자동차 설계 도면을 입체적으로 보여 주는 설계 도구, 수술하는 의사가 수술 부위와 관련한 정보를 실시간으로 쉽게 볼 수 있는 안경형 장치, 소방 방재용으로 실시간 정보를 교환하는 헤드셋 장치, 스마트폰처럼 손에 들지 않고도 편하게 유튜브를 시청할 수 있는 개인용 단말기 등으로 이용되리라 기대합니다. 앞으로는 이러한 기기를 통하여 시공간과 환경의 제약에서 완전히 벗어난 삶을 살게 되지 않을까요?

# 4

## 세상의 모든 전자 제품을 움직이는 마법의 돌

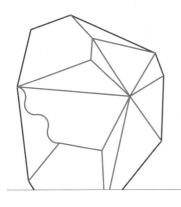

#반도체
#전자회로

**정덕균**

전기·정보공학부 교수

전기가 통하는 물질은 도체, 전기가 통하지 않는 물질은 부도체라고 부릅니다. 그러면 여기서 쉽게 유추할 수 있듯이, 반도체는 조건에 따라 전기가 통하기도 하고 통하지 않기도 하는 물질입니다. 그래서 스위치를 눌러 전등을 켜고 끄는 것처럼, 반도체를 이용하여 미세한 전기의 흐름을 마음대로 조절할 수 있습니다. 이를 응용하여 전기 장치에 지능적인 동작을 시킬 수도 있지요. 이러한 기능 때문에 반도체는 모든 전자 제품에 필수적으로 사용됩니다.

### 트랜지스터와 집적 회로

반도체를 이용하여 만든 부품을 반도체 소자라고 부르는데, 이 중 가장 대표적인 것이 1947년 미국의 벨 연구소에서 존 바딘, 월터 브래튼, 윌리엄 쇼클리가 만든 트랜지스터입니다. 트랜지스터는 마치 물의 흐름을 조절하는 수도꼭지와 같은 역할을 합니다. 수도꼭지를 풀면 수도관에 물이 흐르고, 잠그면 수도관이 막혀 물이 흐르지 않는 것처럼, 트랜지스터의 입력에 높은 전압 '1'을 보내면 출력에 전류가 흐르고, 낮은 전압 '0'을 보내면 출력에 전류가 흐르지 않게 됩니다.

그렇다면 수도꼭지는 큰 것이 좋을까요, 작은 것이 좋을까요? 한번 생각해 봅시다. 두 손으로 잡아야 하는 거대한 수도꼭지가 돌리기 쉬운가요, 한 손에 잡히는 작은 수도꼭지가 돌리기 쉬운가요? 당

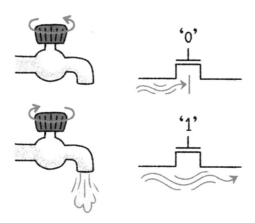

연히 작은 수도꼭지를 이용할 때 더 쉽고 빠르게 물의 흐름을 조절할 수 있습니다. 이처럼 트랜지스터도 크기가 작을수록 힘을 덜 들이면서 더 빠르게 전류를 제어할 수 있습니다. 작은 트랜지스터일수록 입력이 0에서 1로 바뀔 때 더 빠르게 출력 전류가 흐르기 시작하고, 반대의 경우 더 빠르게 전류가 막히는 것이지요. 그뿐만 아니라 이렇게 출력을 바꿀 때 소모하는 에너지 역시 줄어들게 됩니다.

트랜지스터가 처음 발명되었을 때는 크기가 거대하여 켜고 끌 때 힘이 들어서 속도가 느렸지만, 이후 발전을 거듭하면서 크기는 작아지고 속도는 빨라지게 되었습니다. 그와 동시에 트랜지스터 하나가 차지하는 면적이 줄어들면서 1960년대부터는 하나의 작은 판 위에 수많은 트랜지스터를 모으는 것이 가능해졌습니다. 이를 집적 회로Integrated Circuit, IC라고 합니다. 여기서 회로란 여러 트랜지스터를 연결한 설계도를 의미합니다. 단순한 동작을 하는 트랜지스터들을 교묘하게 연결하면 여러 가지 유용한 기능을 하도록 만들 수 있습니다. 작은 소리를 크게 만들거나, 큰 자릿수의 곱셈을 하거나, 어떤 정보를 저장할 수 있게 만들 수 있지요. 이렇게 어떠한 목적을 위하여 많은 트랜지스터를 연결한 설계도를 전자 회로, 줄여서 회로라고 부릅니다.

## 초고밀도 집적 회로와 무어의 법칙

초기에는 하나의 집적 회로, 즉 하나의 칩 안에 수십에서 수백 개의 트랜지스터가 들어갔으나, 1980년대부터는 트랜지스터가 더욱 작아져 하나의 칩에 만 개 이상의 트랜지스터가 들어가게 되었습니다. 이를 초고밀도 집적 회로Very Large Scale Integration, VLSI라고 부릅니다. 현재 트랜지스터는 수 나노미터nm 크기이며, 수 피코초ps 만에 출력을 바꿀 수 있습니다. 이는 손톱 위에 약 100억 개의 트랜지스터를 올릴 수 있고, 각각이 1초에 100억 번 신호 전환을 할 수 있음을 의미합니다.

이처럼 트랜지스터의 크기는 계속 작아지고 있으며, 그에 따라 칩 안에 들어갈 수 있는 트랜지스터의 개수는 증가하고 있습니다. 이 증가세를 예측한 것이 무어Moore의 법칙입니다. 무어의 법칙은 인텔의 공동 설립자인 고든 무어가 1965년에 발표한 것으로, 무어는 집적 회로 칩의 집적도가 1.5년마다 2배가 될 것이라고 예측하였습니다. 무어의 법칙이 발표된 이후 반도체 기술은 경이로울 정도로 매우 빠르게 발전해 왔고, 트랜지스터 집적도는 실제로 무어의 예측에 따라 꾸준히 증가하였습니다. 그 결과 건물 하나를 가득 채웠던 초기의 컴퓨터보다 지금 우리의 손안에 있는 스마트폰이 훨씬 더 다양한 작업을 빠르게 수행할 수 있게 되었지요. 무어의 법칙은 다른 어떤 분야에서도 찾아볼 수 없는 놀라운 발전 속도를 보여 줍니다. 만약 비행기 제작 기술이 이처럼 빠르게 발전하였다면 지금 우리는 서울에서 뉴욕으로 갈 때 500원짜리 탑승권으로 5분 만에 이동할 수 있었을지도 모릅니다.

## 디램과 플래시 메모리

반도체 메모리는 대표적인 집적 회로로, 수많은 트랜지스터를 이용하여 막대한 정보를 저장하는 장치입니다. 예를 들어 디램Dynamic Random Access Memory, DRAM의 경우 하나의 트랜지스터와 하나의 축전기 Capacitor를 통하여 하나의 데이터(0 또는 1)를 저장합니다. 축전기는 마치 물을 저장하는 물탱크처럼 내부에 전자를 저장하는 간단한 부품입니다. 디램은 자신이 저장해야 할 데이터가 1이면 축전기에 전자를 채워 넣고, 0이면 비워 놓습니다. 별다른 명령이 없으면 축전지에 전자가 출입하지 않도록 하여 내부의 데이터를 보존하다가, 그 데이터가 필요하다고 하면 해당하는 축전기에 전자가 있는지 없는지 확인한 후, 그에 따라 저장해 둔 데이터가 1이었는지 0이었는지를 알려 줍니다.

디램은 아주 많은 데이터를 저장해야 하기에 마치 아파트 단지와 같은 모양으로 되어 있습니다. 우리가 만약 아파트의 어떤 방에 불이 켜져 있는 것을 본다면 '1층의 두 번째 방에는 불이 켜져 있다'는 식으로 기억할 것입니다. 반도체 메모리에서는 불 켜진 방의 위치를 숫자 주소로 읽어 들입니다. '1층의 두 번째 방'이라면 (1, 2)와 같은 주소가 될 것입니다. 하지만 앞서 말했듯 반도체 메모리는 0과 1로만 데이터를 다루기 때문에 이 주소는 이진법으로 변환하여 (01, 10)으로 받아들여집니다. 그리고 디램은 해당 주소의 축전기로 찾아가 불이 켜졌음을 의미하는 1을 저장합니다. 만약 디램에 '3층의 첫 번째 방에 불이 꺼져 있다'는 정보를 저장한다면 주소 (11, 01)의 축전기에 0을 저장하게 되겠지요.

그런데 디램은 전기가 끊기면 축전기의 전자가 힘을 잃은 스위치를 통하여 새어 나가서 저장한 정보를 다 잃어버리게 됩니다. 전원이 끊어져도 계속 내용이 지워지지 않도록 하려면 조금 다른 방식을 사용해야 합니다. 낸드 플래시Nand Flash라는 메모리는 축전기와 비슷하긴 하지만 아무 데도 연결되어 있지 않고 고립된 장소에 전하를 저장해 놓습니다. 따라서 이곳은 전원이 꺼지더라도 전하가 빠져나올 통로가 없기 때문에 저장된 내용이 그대로 보존됩니다.

이러한 반도체 메모리에 저장된 하나의 데이터는 0 또는 1을 나타내는 단순한 이진수일 뿐이지만, 수억 개를 모아 두면 아무리 복잡한 형태의 정보라도 표현할 수 있게 됩니다. 데이터의 숫자만 충분하다면 가족들의 전화번호, 유명 화가의 그림, 좋아하는 음악, 오래 간직하고픈 영화까지 반도체 메모리에 저장할 수 있지요. 현대의 디램은 트랜지스터의 소형화에 힘입어 하나의 메모리 안에 약 80억 개의 데이터를 저장할 수 있게 되었고, 이 덕분에 어마어마한 크기와 다양한 형태의 정보를 다룰 수 있게 되었습니다.

## 핀펫과 회로 설계

최근에 등장한 핀펫FinFET은 현존하는 가장 작은 트랜지스터로, 종합적으로 가장 좋은 성능을 갖춘 반도체 소자입니다. 트랜지스터의 모양이 마치 지느러미fin가 달린 물고기처럼 생겼기 때문에 핀펫이라는 이름이 붙었습니다. 핀펫은 지느러미 모양의 3D(3차원) 구조로, 기존 2D 구조의 트랜지스터의 한계를 극복해 냈습니다. 3D 구조가 되면 같은 크기라도 표면적이 늘어나 더 많은 전류를 흘려보낼 수 있지요. 그래서 핀펫은 현재 최첨단 스마트폰의 심장부를 구성하는 디지털 연산 장치와 5G(5세대) 통신 칩을 제작하는 데 쓰이고 있

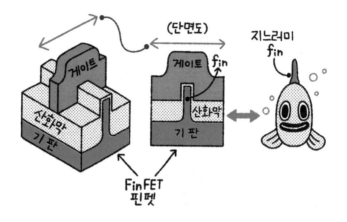

(단면도)

지느러미
fin

게이트 fin

게이트

산화막

산화막

기판

기판

FinFET
핀펫

습니다.

　마이크로프로세서는 또 다른 집적 회로로, 컴퓨터의 가장 중요한 두뇌가 되는 회로입니다. 컴퓨터 속의 모든 계산과 판단이 이곳에서 이루어집니다. 마이크로프로세서를 만들기 위해서는 연산, 기억, 제어 등의 다양한 기능을 갖는 회로들을 각각 설계하고 이를 하나의 칩 안에 배치해야 합니다. 각각의 회로들은 마치 오케스트라의 악기 연주자들과 비슷합니다. 팀파니, 플루트, 바이올린 등 각양각색의 악기를 든 100명 남짓의 연주자가 하나의 곡을 연주한다고 생각해 봅시다. 각각의 연주자가 서로 소통하지 않고 자기 식으로만 연주한다면 박자가 맞지 않아 연주가 엉망이 되고 말 것입니다. 이러한 사태를 방지하고 통일된 박자를 지정해 주는 사람이 지휘자입니다. 오케스트라에서 지휘자는 아무런 소리도 내지 않지만, 가장 중요한 역할을 맡은 셈이지요.

마이크로프로세서에서 이러한 지휘자의 역할을 담당하는 것은 클럭Clock이라는 신호입니다. 클럭은 여러 회로들의 기능이 순서대로 조화롭게 실행되도록 통일된 박자를 만들어 줍니다. 오케스트라의 지휘자는 100여 명의 연주자들 사이에서 1초에 한두 번 정도 손을 저으며 박자를 맞추어 주면 되지만, 클럭은 수천만 개의 회로를 1초에 수억 번 지휘해야 합니다. 게다가 그 지시 내용은 동시에 모든 회로에 전달되어야 하지요. 전기의 속도는 빛의 속도와 같기 때문에 어려운 일이 아닐 거라고 생각할 수도 있습니다. 하지만 마이크로프로세서 속 회로들의 연주는 빛의 속도만큼 빠릅니다. 아주 찰나의 순간이라도 지휘가 달라진다면 연주가 완전히 엉망이 될 것은 자명한 일이지요. 그래서 마이크로프로세서의 클럭 속도를 결정하고 설계하는 일은 빛의 속도와의 싸움이 되었고, 이제 더 이상 속도를 빠르게 할 수 없는 시점에까지 이르렀습니다. 이러한 이유로 최근 10년간 클럭의 최고 속도는 초당 40억 번 정도에서 더 빨라지지 않고 있습니다.

이처럼 다양한 기능의 회로를 다루는 마이크로프로세서를 설계하는 것은 매우 어렵습니다. 실제 세계 최대의 반도체 기업, 인텔의 i7 CPU 칩의 레이아웃layout 도면을 보면 굉장히 복잡합니다. 이 한 개의 칩에 수백억 개의 트랜지스터가 사용되었고, 설계상 단 한 곳에도 실수가 없도록 만들어졌습니다. 놀랍게도 이 모든 회로는 고작 손가락 한 마디도 안 되는 크기에 모두 들어가 있지요.

반도체 회로도 주변에서 흔히 볼 수 있는 형태의 설계도를 참고하여 비슷하게 만들어 내면 됩니다. 많은 부분은 기존의 회로를 비슷하게 활용합니다. 그러나 세계 최고의 성능을 가진 프로세서, 가장 큰 용량의 메모리, 가장 빠른 전송 속도의 인터넷 통신 칩 등을 만들려면 전에 없던 회로를 발명해 내야 합니다. 따라서 이러한 고도의 기능을 가진 회로를 설계하는 데는 무엇보다 커다란 창의성이 요구된다 하겠습니다.

이전에 나왔던 새로운 기술을 예로 들어 보지요. 비탈진 곳에서 연탄을 배달할 때 한 사람이 연탄 한 개를 들고 각자 배달하는 것이 가장 단순하고 쉬운 방법입니다. 그런데 더 효율적인 방법은 여러 사람이 일렬로 서서 옆 사람에게 연탄을 전달하는 것입니다. 이렇게 하면 크게 움직일 필요 없이 손으로 연탄을 옮겨 주기만 하면 적은 힘을 들이면서 더 빠르게 연탄을 나를 수 있지요. 여기에서 아이디어를 얻어 만든 회로가 파이프라인입니다. 파이프라인 회로들은 서로 손을 잡고 앞쪽 회로가 끝낸 일을 받아서 본인의 일을 처리하고, 뒤쪽으로 넘겨줍니다. 이런 식으로 작업을 수행하면 모든 회로가 쉬는 시간 없이 일하고, 또 같은 작업만 반복하면 되기에 전체 회로가 훨씬 효율적으로 일을 처리할 수 있습니다. 파이프라인 회로의 등장으로 마이크로프로세서는 같은 클럭 속도에서 훨씬 더 많은 일을 할 수 있게 되었습니다.

미래의 회로들은 기존에 사용하던 전기뿐만 아니라 빛을 사용하여 신호를 주고받게 될 것입니다. 이미 초장거리 통신에는 빛을 이용한 광통신 회로가 널리 이용되고 있습니다. 하지만 아직 우리 일상생활 속에서 빛을 사용한 회로를 찾아보기란 쉽지 않지요. 대부분의 반도체 연구자들은 앞으로 개인용 컴퓨터에 들어가는 칩에도 광통신 기술이 널리 사용될 것이라고 예측하고 있습니다. 그 시점이 오면 기존의 전기를 사용하는 반도체와 빛을 사용하는 부품 사이를 효율적으로 연결해 주는 회로들이 필요하겠지요. 이처럼 기술의 흐름은 앞으로도 계속해서 새로운 회로를 요구할 것이고, 여태껏 그래왔듯 반도체 설계자들은 시대의 요구에 걸맞은 제품을 내놓을 것입니다.

# 3부

# 미래로 이끌
# 교통수단의
# 혁신을 꿈꾸다

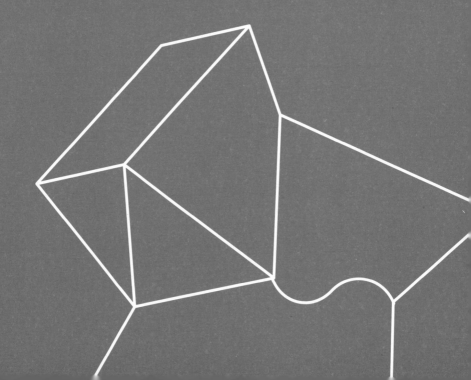

# 1

# 로켓은 어떻게 우주로 갈 수 있었을까?

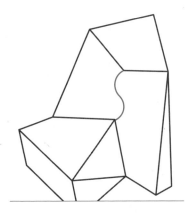

#로켓엔진
#저비용로켓발사체

윤영빈

항공우주공학과 교수

기계에서 엔진은 우리 몸의 심장과 같은 장치입니다. 열에너지, 전기 에너지, 수력 에너지 등을 운동 에너지로 바꾸어 자동차를 움직이기도 하고 로켓을 우주로 보내기도 합니다. 그런데 엔진이 열심히 작동하다 보면 불안정해질 때가 있습니다. 특히 로켓 엔진은 공기가 없는 우주 공간에서 자체적인 추진제*로 작동하기 때문에 세심한 주의가 필요합니다. 우리나라의 로켓 기술은 2013년 나로호 발사를 시작으로 지속적인 연구를 통하여 계속 성장하고 있습니다. 현재 우리나라 자체 기술만으로 제작하는 우주 발사체 누리호가 발사를 앞두고 있습니다. 한국의 미래 우주 산업 발전을 위해서는 로켓의 발사 성공이 그 무엇보다도 중요합니다. 그렇기 때문에 여기에서는 로켓 엔진이 안정적으로 작동할 수 있는 방법을 살펴보려 합니다.

## 엔진이 안정적으로 작동하려면?

로켓이 하늘을 날기 위해서는 우선 로켓을 들어 올리는 힘이 필요합니다. 우리가 벽을 밀면 오히려 몸이 뒤로 밀려나듯이 로켓도 연소 가스를 아래쪽으로 계속 밀면서 하늘로 올라갑니다. 이때 로켓 엔진은 연료를 연소시키면서 연소 가스를 밀어냅니다. 이것이 작용

---

\*    로켓의 추력을 만드는 재료로 연료와 산화제를 총칭한다.

반작용의 원리**입니다. 우리가 음식을 먹으면 소화가 되면서 힘이 나듯이 엔진에도 연료를 넣어야 동력이 생깁니다. 엔진에 고체나 액체 상태의 연료를 주입하면 산화제에 의하여 연소되면서 작동합니다. 연소 과정에서는 연료와 산화제가 연소 가스로 변하면서 빛과 열에너지를 방출하지요. 그래서 엔진 안쪽은 항상 뜨겁습니다. 로켓 엔진도 마찬가지입니다.

공기를 밀어내는 만큼 로켓이 힘을 받기 때문에 엄청난 무게의 로켓을 들어 올리기 위해서는 많은 양의 연료를 연소해야 합니다. 밥을 너무 빨리 먹으면 체하기 십상이듯 로켓 엔진 역시 연료가 안쪽으로 너무 빨리 들어가면 엔진의 온도가 지나치게 상승하거나 연료가 모두 연소되지 않는 등의 문제가 생길 수 있습니다. 그러므로 연료를 잘게 부수어 연소가 잘될 수 있는 환경을 만들어 주어야 합니다. 로켓 연료는 고체 연료와 액체 연료로 나눌 수 있는데, 고체 연료는 점화되어 연소가 시작되면 추력을 조절할 수 없습니다. 그리하여 인공위성이나 달 탐사선과 같이 정확한 궤도에 진입해야 하고 자세 제어가 필요한 상황에서는 엔진을 끄고 켜는 것이 가능하며 세기를 조절할 수 있는 액체 연료 로켓을 사용해야 합니다.

연소가 안정적으로 일어나기 위해서는 액체 연료와 산화제가 고

---

** 　모든 작용력에 대하여 항상 방향이 반대이고 크기가 같은 반작용 힘이 따른다는 법칙.

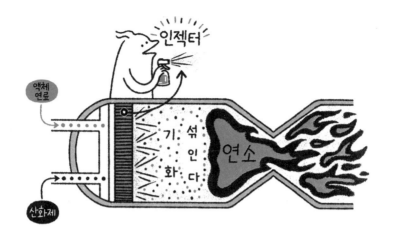

르게 섞이는 과정이 필요합니다. 이때 분무기 같은 역할을 하는 인젝터injector를 사용하는데, 인젝터는 액체 연료를 안개같이 작은 입자로 만들어 연소기 내부로 뿌려 줍니다. 더불어 연료가 연소하기 위해서는 액체가 기체로 변하는 기화 과정이 필수적인데, 인젝터는 연료를 작은 입자로 만들어 주기 때문에 기화에 필요한 시간을 단축합니다. 기화된 연료와 산화제가 연소기로 유입되면 연소기 내부에서 연소 과정을 통하여 불이 생기고, 이로 인하여 연소 가스가 발생합니다.

### 로켓 속의 불이 흔들린다면

연소기에 연료를 잘게 부수어 주입하였다면 그다음에는 연료에 불이 안정적으로 붙게 해 주어야 합니다. 양초의 촛불이 바람에 이리저리 흔들리는 것을 본 적이 있을 것입니다. 흔들리는 촛불은 그을음을 만들기도 하며, 흔들림이 심해지면 아예 꺼지기도 합니다. 이런 현상이 로켓 엔진에서 발생한다면 큰 문제일 것입니다.

불을 잘 다루려면 일단 불의 특징을 알아야 합니다. 화염이 불안정해지는 것은 크게 세 가지 이유 때문입니다. 첫째, 주입되는 연료의 양이 불균일한 경우, 둘째, 불이 존재하는 공간의 소리가 점차 커지는 경우, 마지막으로 이에 따라 불이 방출하는 열이 증가하였다가 감소하는 경우입니다. 이들 현상은 각각 고유의 진동수가 있는데 이 세 가지 현상이 딱 맞아떨어지면 불이 불안정한 상태가 되어 버리지요. 이것을 연소 불안정이라고 합니다.

화염이 진동하는 횟수와 동일하게 연소기 내부 공간의 기체를 진동시키면, 이는 소리를 만들어 냅니다. 소리는 전파되어 연료 공급에 떨림을 발생시키고 이는 다시 화염을 진동시킵니다. 이런 현상이 계속 반복되면, 소리의 세기가 증가하며 연소가 불안정해지고 결과적으로 연소기의 안정성에 문제가 발생합니다. 이는 불의 진동과 소리가 공진***하여 발생하는데, 공진의 대표적인 예로 준공된 지 불과 4개월 만에 힘없이 주저앉은 미국 워싱턴주의 타코마 다리를 들

---

*** 외부에서 주기적으로 가해지는 힘의 진동수가 물체의 고유 진동수에 가까워질 때 진폭이 커지면서 에너지가 증가하는 현상.

수 있습니다. 그리 세지 않은 바람에 조금씩 흔들리던 다리는 점점 더 진폭을 키우더니 바람의 진동수와 다리의 진동수가 같아진 순간 스스로 무너져 내렸습니다. 불은 외부로부터 영향을 받으면 흔들리기 마련인데, 불의 진동수와 소리의 진동수가 같아지면 엄청난 힘이 작용하여 폭발할 수 있습니다. 만약 화력 발전소에서 이러한 일이 일어난다면 전기 공급이 중단되는 것은 물론이고, 발전소가 폭발하는 것과 같은 매우 위험한 사고가 발생할 수도 있습니다.

로켓도 마찬가지입니다. 로켓 안의 불은 로켓이나 로켓에 공급된 추진제가 흔들리면 함께 흔들리는데 소리의 진동수와 화염의 흔들림의 횟수가 같아지는 순간, 연소 불안정으로 인한 큰 압력이 발생하여 로켓이 폭발하게 됩니다. 연소 불안정 현상은 액체 로켓이 개발되기 시작한 1930년대부터 발견되었지만 아직까지 완벽하게는 해결하지 못한, 액체 로켓 엔진 개발의 대표적인 난제입니다. 로켓 발사 시 연소 환경을 안정적으로 만들어 주는 기술이 꼭 필요한 이유가 바로 연소 불안정 때문이지요.

## 로켓 속의 불을 제대로 관찰하기 위해서는

불을 안정적으로 유지하기 위해서는 불이 불안정해지는 조건과 여러 상황을 파악하고 다시 안정하게 해 주는 기술이 필요합니다. 이를 위해서는 우선 불의 모습을 관찰하여 불이 흔들리는 이유를 파악하는 것이 중요합니다. 그러나 불은 밝은 빛을 뿜어내기 때문에 눈으로는 그 안의 상황을 관찰하기 어렵습니다. 그래서 레이저를 사용하여 불 속의 상태를 관찰합니다. 레이저는 하나의 파장으로 이루어진 고에너지의 빛으로, 이를 화염에 비추어 주면 화염의 특정 성분을 자극하여 또 다른 빛을 방출하게 합니다. 이를 특수한 센서를 통하여 계측하여 화염의 특성과 구조를 볼 수 있습니다. 특히 작은 점 형태의 레이저 단면을 렌즈를 통하여 얇은 면으로 만들어 측정하면 화염 단면의 형상을 파악할 수 있습니다.

불이 외부 영향에 어떻게 변하는지 알아보기 위해서 일부러 흔들림 현상을 만들어 주기도 합니다. 연소기로 유입되는 추진제를 특정 진동수로 흔들어 주고 그에 따른 불의 모습을 관찰하는 것입니다. 이를 통하여 외부 조건에 따른 불의 고유한 특성을 파악할 수 있고, 이러한 실험을 통하여 얻은 자료들을 바탕으로 불이 불안한 상태가 되지 않도록 여러 방법을 연구합니다.

불이 불안한 상태가 되면 보통 1초에 수백 번에서 수만 번까지 떨리는데, 이렇게 빠른 떨림은 눈이나 일반적인 카메라로는 관찰할 수 없습니다. 그래서 보통 1초에 10,000번 내보내지는, 레이저와 같은 속도로 촬영할 수 있는 고속 카메라를 사용하여 불 내부를 관찰하고 이를 통하여 압력과 떨림의 변화 원인을 분석합니다.

## 미래에 만날 로켓의 모습

과거의 로켓은 한 번 발사하는 데 드는 비용이 매우 커서 발사의 부담감이 높았고, 이 때문에 발사 횟수도 많지 않았습니다. 그러나 최근에는 로켓의 발사 비용을 낮추려는 노력이 이루어지고 있습니다. 발사 비용을 낮추기 위해서 대표적으로 두 가지 방법을 사용합니다.

첫 번째로 로켓의 구조를 단순화하는 방법입니다. 로켓 엔진의 구성품으로는 추진제를 연소기로 공급하는 공급부와 추진제를 분무하는 인젝터 등이 있습니다. 기존의 공급부는 별도의 연소 과정을 거쳐 터빈과 펌프를 구동시키는 방법을 사용하였습니다. 그러나 최근에는 전기 배터리를 사용한 전기 펌프로 추진제를 공급하는 방법을 활발히 연구하고 있지요. 전기 펌프를 사용하면 터빈같이 기존에는 필수로 들어가던 여러 부수적인 장치들이 필요 없어지기 때문에 로켓의 무게가 감소하는 것은 물론이고 개발 비용 측면에서도 장점이 있습니다. 최근에는 뉴질랜드의 로켓 회사 로켓랩을 필두로 전기 펌프를 사용하여 저비용 발사체를 개발하는 기업이 증가하고 있습니다. 또한 기존의 로켓은 수십 개의 인젝터를 사용하여 추진제를 공급하였는데, 최근에는 하나의 인젝터로 작은 유량부터 큰 유량까지 분무할 수 있는 핀틀 인젝터pintle ingector에 대한 관심이 커지고 있습니다. 이를 이용하면 제작할 인젝터의 개수가 줄어들기 때문에 비용을 아낄 수 있다는 장점이 있습니다.

두 번째로는 최근 스페이스X의 팰컨 9 로켓처럼 발사된 로켓을 회수하여 내부 청소를 한 후에 재사용하는 방법이 있습니다. 로켓을 재사용하면 천문학적인 발사 비용을 크게 줄일 수 있겠지요. 로켓을 회수하기 위해서는 로켓이 안정적으로 지표면에 착륙해야 하기 때문에 추력이 조절되는 핀틀 인젝터를 사용하는 것이 중요합니다. 또한 로켓을 재사용하기 위해서는 연소기 내부의 그을음이 적게 생성되어야 합니다. 그을음이 많이 생성되면 연소기 내부에 손상이 발생하고, 청소 비용도 매우 비싸지기 때문이지요. 친환경 연료인 액체 메탄을 사용하는 경우에도 재사용을 통하여 발사 비용을 크게 줄일 수 있습니다.

현재 이 두 가지 요소를 중심으로 저비용 로켓에 대한 연구가 활발히 이루어지고 있습니다. 아직까지는 로켓의 재사용 빈도가 낮고 정비 시간도 오래 걸립니다. 그러나 저비용 발사체에 관한 수요가 점점 늘어나고 있고, 이를 제작하는 업체의 수도 증가하는 추세입니다. 미래에는 우주로 향하는 로켓이 비행기처럼 기본적인 정비만 마친 후 재발사되는 형태로 발전해 나갈 것입니다.

## 우리 기술로 이룰 우주 강국을 꿈꾸며

사람마다 소화 기능이 다르듯이 로켓 엔진도 그 특성이 다 다르기에 연소가 원활히 이루어지게 하는 방법 역시 로켓 엔진마다 다릅니다. 사용하는 연료에 따라 불의 특성이 달라지기도 하고, 연료를 작은 입자로 만들어 주는 인젝터의 형태에 따라서도 달라집니다. 만약 모든 로켓 엔진에 동일하게 적용할 수 있는 방법을 찾는다면, 로켓을 개발하고 발사하는 일이 조금 더 안전하고 수월해지지 않을까요? 그래서 연구자들은 모든 로켓 엔진에 적용할 수 있는 안정화 기술을 개발하기 위하여 연구에 매진하고 있습니다.

대표적인 연구 중 하나는 추진제의 분무에 관한 것입니다. 분무가 불안정하게 이루어지면 추진제 역시 불안정하게 공급되고, 추진체의 입자가 지나치게 크면 연소되기 어렵기 때문에 연소 불안정을 유발합니다. 연구자들은 연료와 산화제가 동시에 분무되는 동축형 인젝터와 하나의 추진제만 분무되는 단일 인젝터의 분무 특성을 파악함으로써, 균일하고 안정한 분무가 이루어질 수 있는 방법을 찾고 있습니다. 이 과정에서 분무 각과 추진제 입자의 크기 등을 측정하여 분무 특성에 관하여 분석합니다.

또한 연소 불안정을 해결하기 위하여 다양한 실험 장치 및 실험 조건에서 불의 특성을 파악하고 있습니다. 연료와 산화제의 비율에 따라 불의 특성이 어떻게 변하는지 파악하고, 연소가 이루어지는 공간인 연소기의 모습을 변화시켜서 가장 안정적인 연소가 이루어지는 조건을 찾는 것이지요. 그뿐 아니라 다양한 종류의 인젝터에서 불의 특성이 어떻게 변하는지도 연구합니다. 이 과정에서 압력, 온도, 속도 등을 측정함으로써 물리적인 현상을 파악하고, 불의 고유한 특성과 연소 불안정 사이의 상관관계를 파악하고 있습니다.

안정화된 로켓 엔진이 개발되면 우리나라 기술만으로도 우주에 위성을 보낼 수 있고, 더 나아가서 유인 우주선까지 개발할 수 있을 것입니다. 이 과정에서 항공 우주 기술이 크게 발전하여 우리가 우주 강국으로 우뚝 설 수도 있을 것입니다.

# 2

## 헬리콥터는 왜 꼬리에 회전 날개가 필요할까?

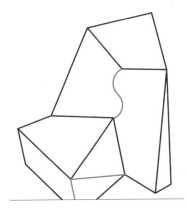

#헬리콥터
#작용반작용

**신상준**
항공우주공학과 교수

비행기는 위 방향으로 들어 올리는 힘, 즉 양력이 작용하여 무거운 동체를 하늘에 띄웁니다. 무거운 비행기가 이륙하기 위해서는 시속 150킬로미터 이상으로 달려야 합니다. 그래서 비행기는 그만큼의 속도를 얻기 위하여 긴 활주로가 필요하지요. 그런데 헬리콥터는 비행기이기는 하지만 일반적인 여객기와는 크게 다른 점이 있습니다. 바로 수직 이착륙 능력입니다. 일반 여객기처럼 활주하여 이착륙하지 않고 제자리에서 위아래 방향으로 뜨고 내린다는 점이 다르지요. 어떻게 그런 것이 가능할까요? B-747 점보제트기의 경우 날개가 몸체 옆에 길게 붙어 있습니다. 반면 헬리콥터는 머리 위에 큰 회전 날개(로터)가 달려 있습니다. 그 날개가 빙빙 돌면 활주로를 빠른 속도로 달리지 않아도 제자리에서 무거운 몸체를 들어 올릴 만큼의 큰 힘을 낼 수 있습니다.

## 헬리콥터의 꼬리 날개에 숨은 비밀

어린 시절 친구네 집에 놀러 가서 장난감 헬리콥터를 가지고 논 적이 있습니다. 작은 헬리콥터를 발사대에 붙이고 손으로 회전 날개를 힘차게 돌리다가 적당한 속도가 되었을 때 스위치를 눌러 발사대에서 떨어지게 하는 장난감이었습니다. 발사대에서 떨어져 나온 장난감 헬리콥터는 바로 머리 위로 떠올라서 저 멀리 날아갔습니다. 진짜 헬리콥터처럼 말이지요. 그런데 장난감 헬리콥터가 진짜 헬리콥터와 다른 점이 하나 있었습니다. 회전 날개를 쌩쌩 돌린 다음 발사대에서 탈착 버튼을 눌러 이륙시키면 이상하게도 몸체가 회전 날개의 반대 방향으로 정신없이 빙빙 도는 것이었습니다. 만약 진짜 헬리콥터가 그런 식으로 움직인다면 다들 어지러움 때문에 헬리콥터를 타지 않으려 할 것입니다.

그렇다면 장난감 헬리콥터의 몸체가 회전 날개가 도는 방향과 반대로 빙빙 돈 까닭이 무엇일까요? 그것은 다음의 두 가지 원리로 설명할 수 있습니다. 첫 번째 원리는 뉴턴이 발견한 운동의 법칙 가운데 하나인 '작용 반작용의 법칙'입니다. 로켓이 연료를 뒤로 분사(작용)하면 그에 대한 반작용으로 앞으로 나아가게 되는 것처럼 몸체에 달린 회전 날개가 돌면(작용) 몸체는 자연적으로 그 반대 방향으로 회전(반작용)한다는 것입니다. 두 번째 원리는 뉴턴의 운동 법칙인 '운동량 보존 법칙'입니다. 외부에서 아무런 힘을 가하지 않으면 물체들의 운동량 합은 일정하게 유지된다는 것이지요. 이 법칙에 따르면 외부에서 작용하는 토크$_{torque}$*가 없을 때 물체가 원래의 방향으로 운동하고자 하는 의지는 그대로 유지됩니다. 즉, 헬리콥터의 경우 회전 날개의 돌고자 하는 의지와 몸체의 반대 방향으로 돌고자 하는 의지가 합해져서 0으로 유지되는 것이지요.

---

\*      주어진 회전축을 중심으로 회전시키는 능력.

만일 헬리콥터가 대기 중이 아닌 우주 공간에 있다면 그때에도 몸체가 회전 날개가 도는 방향과 반대로 회전하고자 할까요? 회전 날개에는 양력 외에도 주변에 있는 공기 입자와의 충돌 등에 의하여 저항이 생겨납니다. 그렇게 생기는 힘을 항력이라고 합니다. 그 항력을 이겨 내기 위하여 헬리콥터 내부에 있는 엔진에서는 토크를 꾸준히 제공해 줍니다. 그런데 대기 중이 아닌 우주 공간, 즉 진공 상태에서는 주변에 공기 입자가 없기 때문에 애초에 저항(항력)이 발생하지 않습니다. 그렇기 때문에 엔진에서 토크를 제공해 주지 않아도 회전 날개의 속도는 줄어들지 않고 그대로 유지됩니다. 운동량 보존 법칙의 관점에서 볼 때 외부 공기 입자의 간섭이 없으므로 회전 날개가 돌고자 하는 의지가 있어도 몸체가 반대 방향으로 돌면서 운동량을 보존할 필요가 없는 것이지요. 그래서 그때는 몸체가 반대 방향으로 돌지 않습니다.

그렇다면 실제 헬리콥터의 몸체는 왜 빙빙 돌지 않는 걸까요? 헬리콥터가 빙빙 돌지 않는 것은 꼬리에 있는 조그만 회전 날개가 적당한 힘을 내서 몸체가 반대 방향으로 돌아가는 것을 막아 주기 때문입니다. 이것을 토크 상쇄라고 합니다. 그런데 몇몇 헬리콥터 중에는 꼬리에 작은 회전 날개가 없는 기종도 있습니다. 치누크라고 부르는 대형 수송용 헬리콥터에는 꼬리에 있는 작은 회전 날개 대신 큰 회전 날개가 몸체 앞뒤로 2개 붙어 있는데, 이 두 날개가 서로 반

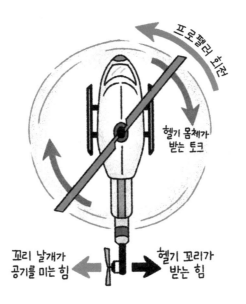

프로펠러 회전

헬기 몸체가
받는 토크

꼬리 날개가
공기를 미는 힘

헬기 꼬리가
받는 힘

대 방향으로 돌면서 토크 상쇄의 역할을 합니다. 그리고 러시아에서 들여온 산불을 진화하는 헬리콥터는 하나의 축 위에 서로 반대 방향으로 돌아가는 회전 날개가 있어서 그것으로 토크 상쇄를 합니다. 또 꼬리 몸체에서 엔진의 배기가스를 뿜어내어 토크 상쇄를 하는 헬리콥터도 있지요.

회전 날개가 공기 중에서 돌면 양력과 항력이 동시에 발생합니다. 그렇기 때문에 저항에 의하여 속도가 줄어들지 않도록 꾸준히 토크를 공급해야 회전 날개는 회전 속도를 유지할 수 있습니다. 그래서 엔진이 헬리콥터 안에 붙어 있지요. 엔진이 내는 에너지의 크기, 정확하게는 단위 시간당 제공하는 에너지의 크기를 경주용 말이 가장 빠르게 달릴 때 뿜어내는 에너지의 크기에 대비하여 표시하는데 그것을 마력이라고 부릅니다. 우리나라에서 자체적으로 개발한 수리온 헬리콥터에는 엔진이 2개 들어가 있는데 각각 1,800마리의 경주용 말이 내는 에너지를 낸다고 합니다. 실로 어마어마한 힘이라고 할 수 있습니다.

## 헬리콥터의 한계를 극복하기 위한 노력들

여객기를 타면 이따금 기체가 요란하게 흔들리면서 좌석에 앉아 안전벨트를 하라는 안내 방송이 나올 때가 있습니다. 심지어는 테마파크에서 놀이 기구를 탔을 때처럼 요란하게 비행기가 흔들리면서 어지러울 때도 있지요. 그때 방송을 잘 들어 보면 난기류라는 단어가 등장합니다. 공기 중에 국지적으로 복잡한 모양을 지닌 기류가 순간적으로 형성되어서 비행기 날개에 직접적으로 영향을 주면 양력과 항력의 모양이 복잡하게 변하고, 그로 인하여 기체가 흔들리는 것입니다.

헬리콥터에도 이와 비슷한 상황이 발생합니다. 특히 헬리콥터가 앞쪽 방향으로 속도를 내면서 비행하면(전진 비행), 머리 위에서 회전하는 날개의 왼쪽과 오른쪽에 있는 날개들은 제각각 다른 공기 입자의 속도 분포를 경험하게 됩니다. 이는 마치 태풍의 진로 방향 왼쪽과 오른쪽 반원 위치에 놓인 사람들이 경험하는 바람의 속도가 다른 것과 그 이치가 같습니다. 회전하는 날개의 위치마다 조금씩 다른 크기의 양력과 항력이 발생하고 그 힘들이 합해져 몸체로 전달되는데, 그중에는 회전 속도에 비례하여 주기적으로 크기가 변하는 성분(진동 성분)들이 있어서 결국 몸체가 흔들리는 것이지요. 그래서 헬리콥터는 태생적으로 여객기보다 진동이 심합니다. 또 비슷한 이유로 소음이 많이 발생하니 시끄럽습니다. 이 때문에 헬리콥터에서는 기내 통신 장비를 사용해야만 옆 사람과 대화할 수 있습니다.

진동과 소음 때문에 헬리콥터는 도심에 접근하는 데 한계가 있습니다. 또 군용 헬리콥터는 적에게 쉽게 들키는 단점이 있지요. 그래서 헬리콥터의 진동과 소음을 줄이기 위한 연구는 꾸준하게 이어져 왔습니다. 커다란 쇳덩어리를 회전 날개 주변에 설치하여 수동적으로 진동 성분을 줄여 주는 방법이 주로 쓰이는데, 이는 무거운 쇳덩어리 때문에 공기 저항이 증가한다는 단점이 있습니다. 그래서 최근에는 이 같은 단점을 개선한 방법이 고안되었습니다. 여객기가 이착륙할 때 날개 부분을 자세히 보면 작은 날개가 쭉 펼쳐져 나오는 것을 발견할 수 있습니다. 회전 날개 뒤편에 붙은 작은 날개가 까딱까딱 움직이면서 공기 입자의 흐름을 바꾸어 진동 성분이 많이 발생하지 않게 하는 것입니다. 이렇게 하면 여객기에 작용하는 양력이 더 증가합니다. 이러한 원리를 헬리콥터 회전 날개에도 적용하여 헬리콥터에 발생하는 진동 성분을 줄이는 것이지요.

또 헬리콥터는 후퇴 부분에서 공기 입자의 상대적인 진입 속도가 줄어들기 때문에 최대 비행 속도에 제한이 있습니다. 헬리콥터의 최고 속도는 대략 시속 250킬로미터 정도입니다. B-747 점보 여객기가 보통 10킬로미터 고도에서 시속 600~700킬로미터로 순항 비행하는 것에 비하면 매우 느리다고 할 수 있습니다.

헬리콥터 공학자들은 헬리콥터가 속도 면에서 갖는 한계를 뛰어넘고자 지난 20~30여 년간 많은 연구를 해 왔습니다. 그리고 몇 가지 결실을 얻을 수 있었지요. 첫 번째 결과물은 틸트로터Tilt-rotor라고 부르는 비행기입니다. 날개의 끝에 회전 날개가 붙어 있어 이착륙 중에는 수직 방향으로 움직일 수 있고, 전진 비행 중에는 수평으로 방향을 변경하여 고속 전진 비행을 할 수 있는 비행기입니다. V-22 오스프리라고 부르는 틸트로터 항공기는 기존의 속도보다 2배 이상 빠른, 최고 속도 시속 500킬로미터 이상으로 비행할 수 있습니다. 두 번째 결과물은 S-97 레이더라는 비행기입니다. 1개 축 위에 2개의 회전 날개가 서로 반대 방향으로 도는 방식으로 토크 상쇄를 하고, 꼬리에 앞 방향으로 밀어 주는 프로펠러가 있어서 빠른 전진 비행이 가능합니다.

헬리콥터는 1939년에 발명가 겸 공학자인 이고르 시코르스키가 세계 최초로 비행에 성공한 이후 다양한 모습으로 꾸준히 발전해 왔습니다. 오늘날 헬리콥터는 고층 건물이나 바다에서의 인명 구조, 산불 진화 등 다른 비행기가 하지 못하는 중요한 임무들을 수행하고 있습니다. 앞으로 헬리콥터가 어떤 변신을 거듭할지 기대해 봐도 좋지 않을까요?

# 3

# 자동차의
# 인피니티 스톤을
# 찾아서

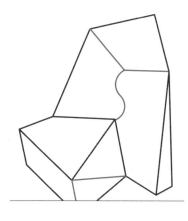

#자동차연료
#자동차구동원리
#수소전기자동차

송한호

기계공학부 교수

100미터 달리기 할 때를 한번 떠올려 봅시다. 저 앞에 보이는 결승선에 도달하기 위하여 우리는 발로 바닥을 힘껏 내디디면서 앞으로 나아갑니다. 그렇다면 달리기를 할 때 발로 바닥을 내딛는 힘은 어디서 올까요? 달리기를 잘하기 위해서는 우선 힘의 원천인 에너지가 필요합니다. 그리고 에너지를 몸의 움직임으로 전환해 줄 변환 장치가 필요합니다. 우리가 섭취하는 음식물은 에너지원이 되고, 뼈와 근육은 음식물 속 영양분을 몸의 움직임으로 변환해 주는 훌륭한 장치가 됩니다.

자동차가 움직이는 원리도 이와 비슷합니다. 자동차는 휘발유, 경유, 전기, 수소 등을 연료로 활용하고 이렇게 주입된 연료를 동력으로 바꾸기 위하여 다양한 변환 장치를 사용합니다. 가장 주요한 변환 장치로는 내연 기관(엔진), 배터리-전기 모터, 연료 전지-전기 모터 등이 있습니다.

## 오랫동안 자리를 지켜 온 전통의 강자, 내연 기관 자동차

우리가 도로에서 만나는 자동차 대부분은 내연 기관 자동차입니다. 역사적으로 내연 기관을 이용한 최초의 자동차를 찾으려면 1800년대 초반까지 거슬러 올라가야 하지만, 우리가 최근에 보는 내연 기관 자동차의 모태는 1800년대 후반에 등장하였습니다. 그 후로 100여 년 동안 내연 기관은 자동차의 가장 주요한 변환 장치로

제 역할을 해 왔습니다.

내연 기관 자동차는 주로 휘발유와 경유를 연료로 사용합니다. 이 외에도 시내버스 등에 많이 사용하는 시엔지Compressed Natural Gas, CNG(압축 천연가스)와 택시에 많이 사용하는 엘피지Liquefied Petroleum Gas, LPG(액화 석유 가스)가 있습니다. 연료는 자동차 연료 용기에 저장되어 있다가 자동 차가 달리면 내연 기관 안으로 공기와 함께 흡입된 후 내부에서 연 소 과정을 거칩니다. 내연 기관이라는 이름도 이러한 현상에서 유래 하였습니다. '내內'는 내부를, '연燃'은 연소를 의미합니다. 여기서 연 소 과정은 휴대용 라이터를 떠올리면 쉽게 이해할 수 있습니다. 라 이터 안에 저장되어 있던 연료가 스위치를 누르면 밖으로 빠져나오 고, 공기 중의 산소와 만나면서 불꽃을 만들어 내는데 이를 통하여 높은 온도의 가스가 형성됩니다. 내연 기관에서는 연료와 공기를 실 린더 안에 가두고 연소시키기 때문에 가스의 온도만 올라가는 게 아 니라 압력도 같이 상승합니다. 압력은 주어진 물체의 면적을 밀어내 는 힘으로 이해할 수 있는데, 내연 기관에서는 연소를 통하여 형성 된 높은 압력을 이용해서 피스톤을 밀어내고 이에 연결된 축이 돌아 가면서 자동차 바퀴를 움직입니다.

## 스마트폰처럼 충전하는 전기 자동차

전기 자동차의 작동 원리는 전기 모터로 구동하는 장난감 자동차

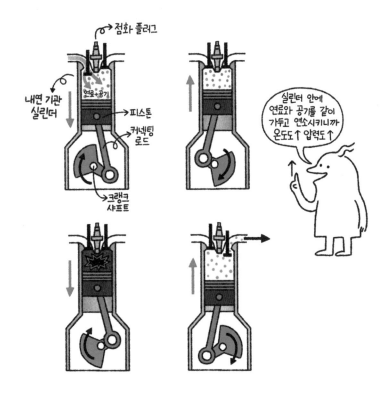

를 떠올리면 쉽게 이해할 수 있습니다. 보통 장난감 자동차를 작동
하기 위하여 맨 처음 하는 일은 잘 충전된 배터리를 자동차에 장착
하는 것입니다. 배터리를 장착한 후에 스위치를 켜면 배터리에 연결
된 전기 모터가 돌면서 최종적으로 자동차의 바퀴가 움직입니다. 전
기 자동차의 기본적인 작동 원리도 이와 비슷합니다.

상대적으로 단순한 작동 원리 덕분에 전기 자동차의 등장은 매우 이른 시기에 이루어졌습니다. 1800년대 중반부터 프랑스와 영국을 중심으로 초기 모델들이 소개되었고, 1890년대부터 20여 년간 자동차의 주요 변환 장치로 전성기를 누리게 됩니다. 하지만 작은 배터리 용량 때문에 주행 거리가 짧은 데다, 연료를 직접 싣고 다니면서 장거리를 주행할 수 있는 내연 기관 자동차의 발전으로 인하여 1920년대에 들어서는 전기 자동차 생산이 대부분 중단되었습니다. 그렇게 내연 기관 자동차에 전성기를 뺏긴 전기 자동차가 대략 100여 년이 지난 요즘 다시 각광 받는다는 게 신기하지 않나요?

### 두 마리 토끼를 한 번에! 하이브리드 자동차

생물학에서 '하이브리드hybrid'는 서로 다른 종에서 태어난 자손을 뜻합니다. 비슷한 맥락으로, 하이브리드 자동차는 두 가지 다른 변환 장치인 내연 기관과 배터리-전기 모터를 결합한 형태를 보입니다. 1800년대 중후반, 비슷한 시기에 성격이 다른 두 변환 장치가 등장하였을 때 당시 연구자들은 이들의 장점을 조합하려고 무수히 노력하였습니다. 하지만 초기의 그러한 노력은 큰 성공을 거두지 못한 채 지지부진하다가 1990년대 후반에서야 빛을 보기 시작하였지요.

하이브리드 자동차는 두 가지 변환 장치를 결합한 만큼 그것들을 자동차 운전 상황에 따라 적재적소에 운용하고 제어할 수 있어야 합니다. 물론 쉬운 일은 아닙니다. 하지만 그것이 가능해지면서 하이브리드 자동차는 순수 내연 기관 자동차와 전기 자동차의 장점을 두루 갖추게 되었습니다. 하이브리드 자동차를 대표하는 가장 큰 특징은 회생 제동 시스템입니다. 여기서 '제동'은 자동차를 멈추게 한다는 뜻이고, '회생'은 그 과정에서 연료를 다시 만든다는 것입니다. 조금만 생각해 보면 회생 제동이라는 것이 연료 절약 측면에서 얼마나 큰 역할을 하는지 알 수 있습니다. 서 있던 자동차가 달리기 위해서는 연료를 사용하여 운동 에너지를 만들어 내야 합니다. 회생 제동 시스템이 없는 자동차는 정지하기 위하여 마찰을 이용하는 브레이크를 사용합니다. 이러한 제동 방식은 기껏 연료를 소모하며 만든 운동 에너지를 태워 없애 버립니다. 하지만 회생 제동 시스템은 자동차를 정지시킬 때 운동 에너지를 전기 에너지로 변환하여 배터리에 충전해 두었다가 추후 가속할 때 이를 다시 활용하기 때문에 연료를 절약할 수 있습니다. 결국 기존 내연 기관 자동차가 가진 긴 주행 거리의 장점을 극대화하고, 전기 자동차만의 특징이라 할 수 있는 연료 소비율 감소 전략이 구현되면서 탄생한 것이 하이브리드 자동차인 것입니다.

## 수소 전기 자동차, 새로운 연료의 시대를 열다

수소 전기 자동차는 내연 기관 자동차처럼 연료를 연료통에 넣고 다니지만, 내연 기관 대신에 연료 전지라는 변환 장치를 사용합니다. 연료 전지는 수소를 사용하여 직접적으로 전기를 생산하지요. 이렇게 생산된 전기는 전기 모터를 구동하여 자동차 바퀴를 움직입니다. 마치 전기 자동차처럼 말이지요. 그래서 수소 '전기' 자동차라고 부릅니다. 하지만 전기를 충전해 놓는 배터리 대신, 수소 연료를 사용하여 지속적으로 전기를 생산할 수 있는 장치를 장착하였다는 점이 전기 자동차와 다른 점입니다. 결국 수소 전기 자동차는 내연 기관 자동차처럼 연료를 직접 싣고 다니기 때문에 주행 거리가 길고, 그와 동시에 전기 자동차의 효율적인 운전 전략을 구현할 수 있다는 점에서 일종의 하이브리드 자동차로 생각할 수 있습니다.

수소 전기 자동차에서 변환 장치로 쓰이는 연료 전지-전기 모터의 조합은 내연 기관과 비교하면 크게 두 가지 장점이 있습니다. 첫째, 단순화된 변환 과정으로 인하여 에너지 손실이 적어서 변환 효율이 전반적으로 높습니다. 내연 기관에서는 연료가 가진 에너지가 연소 과정을 거쳐 높은 온도와 압력의 가스가 되고, 이러한 압력에 의하여 피스톤이 밀려나면서 축이 돌아가는 방식으로 수차례의 변환 과정이 이루어집니다. 반면에 연료 전지-전기 모터에서는 연료가 가진 에너지가 직접적으로 전기로 변환되면서 모터의 축을 돌리

는 방식으로 단순화된 변환 원리가 적용됩니다. 둘째, 수소 전기 자동차에서 사용하는 연료 전지의 작동 온도는 80도씨 정도로, 이는 내연 기관에서 연소가 일어날 때 순간적으로 온도가 2,000도씨까지 올라가는 것에 비하면 매우 낮은 온도이기 때문에 작동 온도에 민감한 오염 물질의 생성을 억제할 수 있습니다.

## 미래 자동차의 인피니티 스톤

마블에서 제작한 영화 「어벤져스」 시리즈에는 6개의 인피니티 스톤이 나옵니다. 각각의 스톤은 서로 다른 고유한 능력이 있으며 무한한 에너지를 뿜어냅니다. 인피니티 스톤은 그것을 다루는 사용자의 역량에 따라 잠재력을 드러내기도 하고 그렇지 못하기도 합니다. 사용자가 미숙하다면 끌어낼 수 있는 인피니티 스톤의 힘에도 한계가 있는 것이지요.

지금까지 언급한 각각의 기술에는 모두 장점과 단점이 있습니다. 그리고 현재 우리가 새롭게 생각하는 대부분의 기술들은 이미 기존에 시도된 바 있으며, 시대의 선택에 따라 지속적인 부침을 겪었습니다. 그래서 우리는 미래의 자동차에 대하여 논할 때, 어떤 연료나 기술이 우위에 있음을 이야기하기보다는 어떤 자동차가 그 시대에서 추구하는 가치를 가장 잘 담을지 고민해야 합니다. 과연 미래에는 어떤 인피니티 스톤이 등장하여 자동차를 움직일까요?

# 4

## 높은 건물과
## 큰 다리는
## 왜 무너지지 않을까?

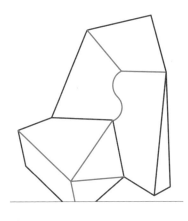

#기초구조물

#지반공학

#건설공학

**김성렬**

건설환경공학부 교수

대부분의 구조물은 땅 위에 지어집니다. 한강을 가로지르는 교량들도 마찬가지지요. 우리는 차가 지나다니는 다리와 그 바로 아래의 기둥만을 보기 때문에 다리가 물 위에 떠 있는 것이 아닐까 하는 착각을 할 때가 있습니다. 그러나 물속을 들여다보면 강바닥까지 이어진 거대한 기둥들이 다리를 떠받치고 있음을 알 수 있습니다. 이와 같이 건물과 다리가 무너지지 않으려면 구조물의 무게를 땅으로 전달해 주는 단단한 기둥 같은 것이 필요한데, 이러한 구조물을 기초 구조물이라고 합니다.

## 기초 구조물이 갖추어야 할 조건

기초 구조물이 건물이나 다리 등을 안전하게 지탱하기 위해서는 반드시 충족해야 할 전제 조건이 있습니다. 단단한 땅에 지어져야 한다는 것입니다. 갯벌이나 진흙땅에서 모래나 진흙 속으로 발이 푹푹 빠지는 바람에 걷기가 힘들었던 경험이 있을 것입니다. 만일 진흙땅 위에 집을 짓는다면 어떻게 될까요? 진흙땅은 집의 무게를 견딜 만큼 단단하지 않기 때문에 아마도 집이 땅속으로 푹 빠지고 말 것입니다. 반면에 돌로 된 층 위에 집을 짓는다고 생각해 봅시다. 그 땅은 집의 무게를 견딜 수 있을 만큼 단단하기 때문에 당연히 아무 문제가 생기지 않을 것입니다.

이번에는 진흙땅 위에 작은 장난감 집을 놓는다고 해 봅시다. 아마도 그때는 장난감 집이 가라앉지 않고 진흙땅 위에 그대로 놓여 있을 것입니다. 그렇다면 장난감 집의 무게를 견디는 이 땅은 단단하다고 해야 할까요, 아니면 약하다고 해야 할까요? 땅이 약하다는 것은 지으려는 건물의 무게를 땅이 견딜 수 없다는 의미입니다. 반대로 지으려고 하는 건물의 무게를 견딜 수 있으면 땅이 단단하다고 합니다. 이러한 맥락에서 볼 때 장난감 집이 지어진 진흙땅은 장난감 집의 무게를 견디었으니 단단한 땅이라고 할 수 있겠지요.

옛날에는 약한 땅 위에 건물을 짓지 않았지만 요즘은 기술이 발전해서 거의 모든 종류의 땅 위에 건물을 지을 수 있습니다. 어떻게 하면 단단하지 않은 땅 위에도 안전하게 건물을 지을 수 있을까요? 건물을 받치는 기초 구조물을 약한 땅 아래의 단단한 땅까지 넣으면 됩니다. 땅속에 작은 구멍을 뚫어서 땅속의 층들과 흙의 종류를 모두 조사한 후 단단한 돌 층이 나오면 그 깊이까지 건물을 지탱할 수 있는 기초 구조물을 짓는 것이지요. 그러면 건물의 무게가 땅속의 기초 구조물을 통하여 단단한 땅에 전달되면서 건물은 무너지지 않게 됩니다. 단단한 층이 땅속 깊은 곳에 있을수록 기초 구조물의 길이는 더 길어집니다. 실제 진흙땅 위에 지은 어떤 아파트 건물의 기초 구조물은 땅속 아래 70미터까지 이르기도 하였습니다.

말뚝 기초, 현장 타설 콘크리트 말뚝, 케이슨 기초 등은 지표면 근처의 흙이 약한 경우에 기초를 땅속 깊이 설치하는 깊은 기초deep foundation의 대표적인 형식입니다. 공장에서 생산되는 콘크리트 또는 쇠말뚝을 땅속 깊은 곳의 단단한 층까지 설치하거나, 현장 타설 콘크리트 말뚝처럼 현장에서 땅에 구멍을 뚫고 철근망을 넣은 다음 콘크리트를 넣어 만들기도 합니다. 인천 대교의 주탑은 지름 3미터의 현장 타설 콘크리트 말뚝 24개가 지지하는데, 이 말뚝 1개의 직경이 3미터이고 지지할 수 있는 하중이 7,000톤에 달합니다. 또는 직경이 매우 큰 기초인 케이슨 기초caisson foundation로 상부 구조물을 지지하기도 합니다.

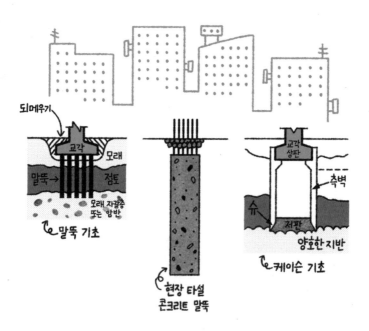

되메우기

교각

말뚝→

모래

점토

모래 자갈층 또는 암반

↳ 말뚝 기초

↳ 현장 타설 콘크리트 말뚝

교각 상판

측벽

슈

저판

양호한 지반

↳ 케이슨 기초

## 견고한 건물에 숨겨진 비밀

이탈리아에 있는 '피사의 사탑'은 기울어져 있는 탑으로 매우 유명하지요. 피사의 사탑은 1173년에 지어지기 시작해서 완공되기까지 약 200년이 걸렸습니다. 그런데 만드는 도중에 탑이 약간씩 기울어졌습니다. 그 이유가 무엇이었을까요?

사람들은 탑이 기울어진 이유를 알아내기 위하여 탑이 지어진 땅을 파 보았습니다. 그 결과 모래로 이루어진 땅 아래에 두께가 20미터가 넘는 두꺼운 진흙층이 있다는 사실을 알게 되었습니다. 탑이 기울어진 이유는 이 진흙땅이 탑의 무게를 견디지 못하였기 때문이었지요. 실제로 탑은 3미터 넘게 땅속에 가라앉아 있는 상태라고 합니다. 피사의 사탑은 시간이 지남에 따라 계속 기울어졌습니다. 완공 당시에는 3도 정도 기울어진 상태였는데 1990년대 말에는 5.5도로 기울어졌다고 합니다. 게다가 주변 지역에서 지진이 발생하기도 하자 사람들은 점차 탑이 무너질 수 있다는 불안감을 갖게 되었습니다. 그래서 탑이 더 기울어지는 것을 막기 위하여 임시방편으로 탑 표면에 600톤의 납을 붙이고 케이블로 탑을 묶기도 하였습니다. 이후에도 세계적인 기초 구조물 연구자들은 탑이 기우는 것을 막기 위하여 갖가지 아이디어를 냈습니다. 탑 밑에 새로운 기초 구조물을 시공하거나 점토층을 시멘트 등으로 단단하게 굳히자는 의견도 나왔습니다. 최종적으로 채택된 안은 기울어진 반대편 탑 밑의 흙을 얇은 관을 통하여 조금씩 빼내는 방법이었습니다. 이 방법은 성공적이었고 탑의 기울기를 5.5도에서 5도 이내로 줄일 수 있었습니다.

이집트의 '피라미드'는 무거운 돌덩이들을 쌓아 올려 만든 구조물로 어마어마한 크기를 자랑합니다. 가장 크다고 알려진 쿠푸 왕 피라미드는 바닥 면의 길이가 230미터에 이르고, 높이는 약 150미터입니다. 게다가 이 피라미드의 무게는 650만 톤으로, 최근 서울에 지은 550미터 높이의 '롯데월드타워' 무게인 75만 톤의 약 9배에 달합니다.

이렇게 무거운 이집트 피라미드가 무너지지 않은 데는 두 가지 이유가 있습니다. 첫째, 이집트 피라미드의 밑바닥이 넓기 때문입니다. 같은 무게라도 밑바닥이 넓으면 동일한 면적에 작용하는 힘이 감소합니다. 단위 면적당 작용하는 힘을 응력이라고 하는데 재료의 변형은 응력의 크기에 비례합니다. 롯데월드타워와 비교해 보면 쉽게 알 수 있습니다. 롯데월드타워의 바닥 면 길이는 약 70미터이고 피라미드의 바닥 면 길이는 약 230미터입니다. 즉, 피라미드 바닥 면적이 롯데월드타워보다 약 11배 더 크기 때문에 피라미드의 응력이 롯데월드타워의 응력보다 20퍼센트 정도 작아집니다. 둘째, 이집트 피라미드가 세워진 땅의 특성 때문입니다. 피라미드는 언뜻 보면 사막의 모래 위에 지어진 듯하지만, 사실 단단한 석회암 층 위에 놓여 있습니다. 단단한 석회암은 보통 1제곱미터당 200톤 이상의 무게를 견딜 수 있습니다. 실제로 쿠푸 왕 피라미드의 무게를 바닥 면적으로 나눈 응력은 1제곱미터당 122톤으로 기초의 암반이 충분히 지지할 수 있을 정도입니다.

그렇다면 높이 550미터에 달하는 123층짜리 롯데월드타워는 어떻게 무너지지 않고 서 있을 수 있을까요? 롯데월드타워는 건물 무게만 75만 톤인데 이 무게를 바닥 면적으로 나누면 1제곱미터당 153톤의 응력이 작용합니다. 거기다 지진과 바람 등에 의한 추가 하중을 고려하면 지표면 근처의 흙은 이 하중을 견딜 수 없습니다. 그래서 건물을 올리기에 앞서 건물 아래의 전체 면적에 대하여 지표면 아래 약 19미터 두께의 흙층과 약 19미터 두께의 암반층까지 약 38미터 깊이로 땅을 팠습니다. 그리고 그 38미터 깊이의 암반에 구멍을 뚫고 무려 108개에 달하는, 지름 1미터의 콘크리트 말뚝을 30미터 깊이로 박은 다음 그 위에 약 8만 톤의 콘크리트를 부어 두께 6.5미터의 단단한 콘크리트 층을 만들었습니다. 이렇듯 롯데월드타워는 1제곱미터 면적당 300톤 이상의 무게를 견딜 정도로 견고하게 지어졌기 때문에 큰 하중에도 무너지지 않고 서 있을 수 있는 것이지요.

## 더 단단한 구조물을 짓기 위한 연구

앞서 모든 구조물은 땅 위에 만들어지고 이를 받쳐 주는 기초 구조물이 필요하다 하였습니다. 그렇다면 남극과 북극처럼 극한의 환경이나 바다, 우주의 달에 짓는 구조물의 기초 구조물은 어떤 모양일까요?

남극과 북극에 짓는 기초 구조물은 급격한 날씨 변화에 견딜 수 있어야 합니다. 날씨가 추우면 땅속의 물이 얼고 여름이 되면 녹는데 이때 땅의 특성이 크게 달라지기 때문이지요. 예를 들어, 땅속의 물이 얼면 부피가 약 10퍼센트 팽창하는데 이로 인하여 땅이 높게 일어나는 융기가 발생합니다. 또한 물이 얼면 흙이 주변의 물을 흡수하여 더 많은 물을 머금는데, 이 흙이 여름에 녹으면 땅의 지지력이 감소하는 현상이 발생합니다. 이럴 때에는 융기와 지지력 감소를 견디게 하기 위하여 말뚝 기초를 설치합니다.

바다에 짓는 구조물은 어떨까요? 바다에 세운 풍력 발전기의 기초 구조물은 바닷물의 깊이가 30미터보다 얕은 경우, 30~50미터 사이인 경우, 50미터보다 깊은 경우에 따라 그 종류가 달라집니다. 수심이 아주 얕다면 얕은 기초shallow foundation, 수심이 30미터 이내라면 모노파일monopile과 버킷 기초bucket foundation, 수심이 30미터 이상으로 깊어지면 회전에 대한 안정성을 높기 위하여 폭을 넓힌 트라이포드tripod 파일 또는 트라이포드 버킷 기초 등을 사용합니다. 이 중 버킷 기초는 컵을 뒤집어 놓은 형상의 기초인데, 버킷 내의 물을 펌프로 빼 주면 흡입력이 생기면서 땅속에 쉽게 설치됩니다. 설치가 쉽고 매우 경제적이므로 최근 풍력 발전기의 해상 기초로 많이 적용되고 있습니다.

최근 우리나라에서 달에 우주 기지를 건설하려는 연구를 수행한 적이 있습니다. 달에 있는 흙은 지구의 흙과 다르기 때문에 달의 흙을 인공적으로 만들고 달의 중력을 고려하여 구조물을 지지할 수 있는 기초 구조물을 연구하였지요. 달의 중력은 지구의 6분의 1 정도입니다. 그러면 달에 건설하는 구조물의 무게는 6분의 1로 감소하므로 지구에서보다 달에서 동일한 기초 구조물로 더 큰 구조물을 지지할 수 있습니다. 현재 미국 항공 우주국 나사NASA에는 월면토 약 190킬로그램이 보관되어 있다고 합니다. 그런데 이 양은 달에서 장비 성능을 시험하고 기지를 건설하기에 턱없이 부족합니다. 그래서 우리나라도 최근 인공 월면토 제조 기술을 확보하여 내부의 공기를 빼낸 진공 체임버chamber 내에서 각종 실험을 수행하고 있습니다.

기초 구조물의 미래는 어떤 모습일까요? 구조물을 지을 때에는 그것을 안전하게 지지하는 기초 구조물이 반드시 필요합니다. 그런데 구조물이 건설되는 장소는 지형(평지, 산악 지대 등), 흙의 종류(사막의 모래, 해안가의 점토 등), 기후(남극, 사막, 바람이 많이 부는 곳 등) 등의 조건이 모두 다릅니다. 따라서 그 조건에 가장 적합한 기초 구조물을 설계하고 시공하는 기술이 필요합니다. 최근에는 땅속의 지층 상태를 빠르고 정확하게 파악하는 지반 탐사 기술, 시멘트와 화학 재료, 미생물 등을 활용하여 흙의 특성을 개량하는 기술, 해상과 산악 지형 등 사람이 접근하기 어려운 장소에서도 이용할 수 있는 기초 구조물 시공 장비 개발, 버킷 기초와 같은 새로운 기초 공법의 개발 등 많은 연구가 활발히 진행되고 있습니다.

# 5

## 해저 도시의 건설을 꿈꾸다

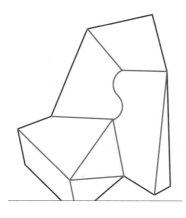

#해양플랜트

#해양공학

#심해저자원탐사

**김용환**

조선해양공학과 교수

조선 해양 산업에서 해양 플랜트Off-shore Plant는 빼놓을 수 없는 핵심적인 시설이지만, 우리 일상에서 보기 힘든 초대형 해양 구조물이기에 해양 플랜트가 정확히 무엇인지, 또 이것이 무슨 일을 하는지 아는 사람은 많지 않습니다. 사실 해양 플랜트는 한국에서 사용하는 단어로, 바다(해양)에 설치하여 운영되는 여러 생산 시설들(플랜트)을 의미합니다. 국제적으로는 해양 구조물 혹은 해양 플랫폼이라고 지칭하는데, 이는 바다 깊숙이 묻혀 있는 지하자원을 탐사하고 시추하고 생산하기 위하여 설치한 구조물, 장비, 시설 등을 모두 포괄하는 용어입니다.

### 해양 플랜트의 종류

해양 플랜트에는 다양한 종류가 있는데, 설치 목적에 따라 크게 석유나 가스를 찾아내기 위한 시추용 플랜트와 그것을 생산하기 위한 생산용 플랜트로 나눌 수 있습니다. 시추용 플랜트는 바다 아래 땅속 깊이 구멍을 파고(시추) 지질을 조사하여 석유나 가스를 찾아내는 설비이고, 생산용 플랜트는 찾아낸 자원을 생산하기 위한 설비입니다. 요즘에는 육지에 있던 가스 기지나 전기 발전소 등을 바다에 만들기도 하는데, 이 시설들도 해양 플랜트로 볼 수 있습니다.

해양 플랜트는 바다 바닥에 고정된 것도 있고 물 위에 떠 있거나 이동할 수 있는 것도 있습니다. 무거운 콘크리트 타워를 바다 깊이보다 더 높게 만들어 바다에 가라앉히기도 합니다. 그런데 바다가 아주 깊은 경우에는 바닷속에 구조물을 설치하는 게 쉽지 않습니다. 수심이 깊어질수록 수압이 급격히 증가하고, 시야 확보가 안 되며 해저에서 예상치 못한 상황을 맞닥뜨릴 가능성이 커지는 등 위험성이 높아 비용 또한 많이 들기 때문입니다. 그렇기 때문에 이런 경우에는 플랫폼을 바다 위에 띄워 두는 방식을 택합니다. 이때 파도나 조류 등으로 플랫폼이 계속 움직일 수 있기 때문에 제어 장치를 사용하여 약간의 움직임만 허용하거나 체인 등으로 플랫폼을 묶어 두기도 합니다.

생산을 위한 해양 플랜트는 기본적으로 바다의 한곳, 즉 유전이나 가스전의 한곳에서 수명을 다할 때까지 설치되어야 하지만 석유나 가스를 찾아다니는 시설의 경우에는 한 지역에서 일정 기간 작업을 한 후 조사가 끝나면 다른 지역으로 옮겨 갑니다. 그래서 시추를 하는 해양 플랜트는 짧은 시간 동안 한 지점에서 고정되어 작업하다가 작업이 끝나면 다른 곳으로 움직일 수 있게 이동식으로 만들어지기도 합니다.

육지와 가까운 바다에 있는 해양 플랜트에서 생산되는 석유나 가스는 바닷속에 설치된 파이프를 이용하여 비교적 쉽게 육지로 옮길 수 있습니다. 그러나 육지에서 멀리 떨어져 있거나 깊은 바다에 있는 해양 플랜트에서 생산되는 자원은 이동시키기가 매우 어렵습니다. 그래서 깊은 바다에 만든 해양 플랜트는 석유나 가스를 저장하는 기능과 그것을 운반 선박으로 옮기는 기능을 함께 가지고 있습니다. 그러다 보니 그 규모가 어마어마할 수밖에 없지요. 우리나라 조선소들이 제작하는 대표적인 해양 플랜트 중 하나인 FPSO라는 플랫폼은 이러한 기능을 모두 갖고 있습니다. FPSO에서 'F'는 부유식floating, 'P'는 생산 장비production, 'S'는 저장storage, 'O'는 하역offloading이라는 의미입니다.

해양 플랜트는 수십 미터부터 수백 미터에 이르기까지 그 크기가 다양합니다. 최근에는 해양 플랜트가 더욱 커졌습니다. 2017년 삼성중공업에서 완공한 부유식 천연 액화 가스 생산·저장 시설, LNG-FPSO\*의 경우, 길이가 거의 500미터에 가깝습니다. 바닥을 바다 밑에 고정한 타워 형식의 해양 플랜트는 높이가 600미터를 넘는 것도 있습니다. 게다가 매우 깊어 물 위에 떠 있는 해양 플랜트는 바다의 바닥에 설치된 생산 장비까지 파이프를 통하여 연결되어 있습니다. 엘리베이터가 1~3킬로미터까지 설치되어 있는 것과 마찬가지지요. 파리의 에펠탑이 320미터 정도이고 최근 지어진 롯데월드타워가 555미터임을 생각해 보면, 대형 해양 구조물이 얼마나 큰지 충분히 가늠할 수 있을 것입니다.

---

\* 해저로부터 추출한 천연가스를 –163도씨 이하로 온도를 낮추어 액체로 만들고 이를 저장하는 설비이다.

해양 플랜트는 설치되는 장소가 모두 다르기 때문에 동일한 종류라 하더라도 크기나 장비 성능, 생산량 등이 모두 다릅니다. 그래서 자동차나 항공기처럼 한꺼번에 같은 제품을 많이 만들어 낼 수가 없습니다. 해양 플랜트 하나를 만드는 것은 일반 자동차를 대량으로 생산하는 것이 아닌, 특별한 성능이 있는 경주용 자동차 한 대를 주문·생산하는 것과 같다고 생각하면 됩니다. 그래서 선박이나 해양 플랜트는 완성하기까지 적지 않은 시간이 필요합니다. 대형 선박은 계약 시점부터 선박을 넘겨주기까지 약 2년의 시간이 걸립니다. 이 시간 동안 설계도 하고, 필요한 재료와 장비도 사고, 배를 만들기도 하고, 다양한 검사도 한 후에야 주인에게 전달할 수 있습니다. 해양 플랜트는 이보다 훨씬 더 긴 시간이 필요합니다. 설계 자체에 긴 시간이 필요할 뿐만 아니라, 설치 지역에 맞는 맞춤형 장비를 새로 만들어야 하고 제작도 매우 복잡하기 때문입니다. 즉, 해양 플랜트를 주문하는 회사는 오래전부터 해양 플랜트의 사용을 미리 계획하고 제작을 위하여 수년 전에 주문하는 것입니다. 아니면 큰 손해를 볼 수 있을 테니까요.

## 해양을 개척하기 위한 끝없는 도전

땅에 짓는 플랜트와 바다에 짓는 플랜트는 설치 장소만 다를 뿐 큰 차이가 없을 거라고 생각할 수 있습니다. 하지만 해상이라는 환

대표적인 해양 플랜트의 종류. 바다 깊이가 얕으면
해저에 고정하는 방식의 플랫폼을 설치하고,
바다 깊이가 깊으면 바다에 떠 있는 형태의 플랫폼을 설치한다.

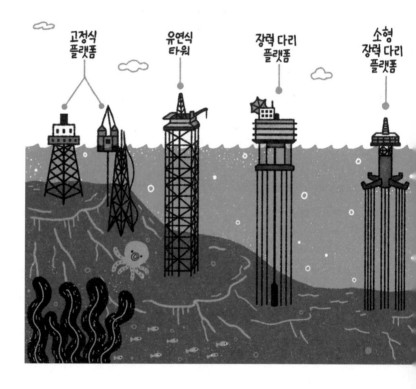

고정식
플랫폼

유연식
타워

장력 다리
플랫폼

소형
장력 다리
플랫폼

깊은 바다일수록
이동이 편리하게
설치되어 있어요.

스파
플랫폼

반잠수식
플랫폼

부유식 생산·저장·
하역 설비

경적 요인은 많은 기술적 어려움을 야기합니다. 해상에서는 물로 인하여 실로 엄청난 힘이 해양 플랜트에 가해집니다. 공기와 바닷물의 밀도는 약 800배 차이가 나므로 그만큼 물속에서 작용하는 힘도 큽니다. 또 바다에서는 10미터 깊어질수록 1기압의 압력이 증가하기 때문에 바닷속에 설치되는 장비는 수백 기압을 견딜 수 있어야 합니다. 게다가 파도가 만들어 내는 힘도 무시할 수 없습니다. 해상에 떠 있는 해양 플랜트의 경우 파도 때문에 끊임없이 움직입니다. 바다에서 배를 타 본 경험을 떠올려 보면 이해하기 쉽겠지요. 그러한 움직임은 파도가 멈추지 않는 한 계속되고, 태풍이나 허리케인의 영향권 안에 들게 되면 심각할 정도로 그 움직임이 커집니다. 그래서 보통 해양 플랜트를 설계할 때 필요한 안전성은 천 년에 한 번 겪을 정도의 심각한 바다 상황도 충분히 견뎌 낼 수 있는 수준이어야 합니다. 파도의 횟수로 따져 보면 10억~100억 번의 파도 중에서 한 번 정도 발생할 수 있는 심각한 파도를 만났을 때도 문제가 없어야 할 정도이지요.

해양 유체 역학 분야에서는 이와 같이 바다에서 생기는 파(잔물결과 큰 물결)들로 인하여 해양 플랜트에 얼마나 큰 힘이 가해질 수 있는지, 그리고 해양 플랜트는 어떠한 운동을 하는지 등을 연구합니다. 예를 들어, 해양 플랜트의 움직임을 이론적으로 혹은 컴퓨터 시뮬레이션을 이용하여 예상하거나 큰 규모의 물탱크에 파도를 만들고 그

위에 작은 해양 플랜트 모형을 만들어 띄운 뒤 그것의 운동을 관찰합니다. 이를 통하여 바다에서 발생하는 파도로 해양 플랜트가 어떤 위험한 상황을 겪을 것인지를 예측하는 것이지요. 무엇보다 안전한 해양 플랜트를 설계하기 위해서는 해양 유체 역학 분야뿐만 아니라 여러 다른 분야에서의 연구도 함께 필요합니다. 극심한 해양 환경의 변화 때문에 발생할 수 있는 여러 위험으로부터 해양 플랜트가 구조적으로 충분히 튼튼한지를 연구하는 해양 구조 역학 분야, 그리고 해저로부터 석유나 가스를 안전하고 효과적으로 해상으로 끌어올려 이를 정제하고 생산하는 장비에 대하여 연구하는 해양 공정 분야 등 여러 분야들이 복합적으로 연결되어 연구를 수행하고 있습니다.

해양 플랜트에서 가장 어려운 부분은 우리가 보지 못하는 바다 지하에 있는 유전이나 가스전으로부터 자원을 생산해야 한다는 것입니다. 최근 국내에서 짓는 해양 플랜트는 수심 3,500미터 정도에서도 석유나 가스를 생산하는 것을 목표로 하고 있습니다. 만일, 잘못된 설계나 제작의 오류 혹은 장비의 고장이나 운영의 실수로 석유나 가스가 새어 나오면, 사람이 직접 들어갈 수도 없기에 수천 킬로미터 아래 심해저에서 발생하는 사고를 막는 것은 너무나 힘든 일이 될 것입니다. 단 한 번의 실수여도 인류의 생명줄인 바다에 엄청난 재앙을 불러올 수 있기 때문에, 늘 모든 위험 가능성을 염두에 두고 설계와 설치, 그리고 가동을 해야 합니다. 영화 「딥워터 호라이즌」**은 해양 플랜트가 제대로 설치되지 않고 가동되지 못하는 경우, 지구와 인류에 얼마나 큰 위험이 닥칠 수 있는지를 잘 보여 줍니다.

## 새로운 미래를 그리는 해양 플랜트 기술

나노 기술은 점점 더 작은 크기를 추구하는데, 해양 플랜트는 오히려 점점 더 커지고 있습니다. 이는 해양 자원이 점차 사라지고 있어서 더욱 깊은 바다에 있는 유전이나 가스전을 찾아 생산해야 하기 때문입니다. 최근 육지에서의 가스 생산 기술이 발달하며 가스 공급이 많아졌고, 석유 가격도 많이 하락하여 해양 플랜트 산업이 위축되기도 하였습니다. 그러나 바닷속의 석유나 가스 자원을 개발하려는 노력은 지금도 계속되고 있고, 장기적으로 볼 때 석유 가격이 조금씩 오르고 있기 때문에 대형 해양 플랜트의 필요성은 다시 커질 것으로 예상합니다.

더구나 여러 전문가들은 전체 생산 설비를 바닷속에 모두 설치하는 시대가 올 것이라 내다봅니다. 현재 해수면 위에 설치되는 플랫폼들이 미래에는 모두 바닷속에 건설되리라는 것이지요. 만일 그러

---

** 2010년 미국 멕시코만에서 시추선 '딥워터 호라이즌'호가 폭발한 사건을 바탕으로 한 영화이다. 석유 시추 시설이 폭발하여 수십 명의 사람이 죽거나 다쳤으며 부러진 시추 파이프에서 엄청난 양의 원유가 유출되는 등 이 사건은 역사상 손꼽힐 만한 환경 재앙으로 여겨진다.

한 예상이 현실화된다면 언젠가는 해저 도시나 해저 기지의 건설도 가능해질 것입니다.

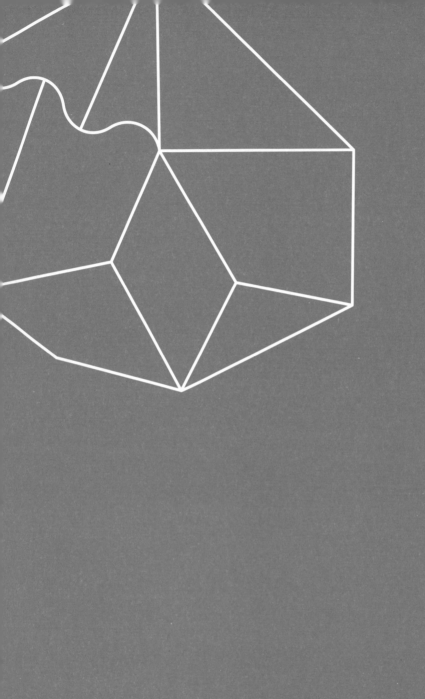

# 4부

# 보이지 않는
# 세계에서
# 무한한 가능성을
# 개척하다

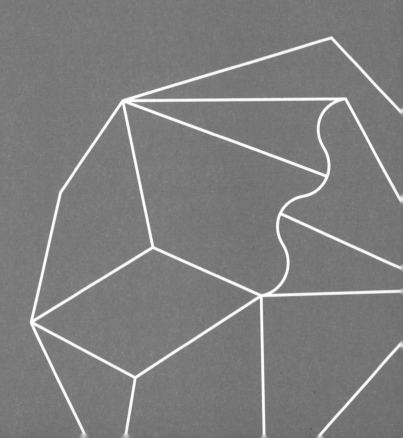

# 1

## 종이처럼
## 구겨져도 끄떡없는
## 기기의 출현

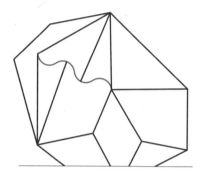

#나노기술
#나노촉매
#나노의학
#퀀텀닷

**현택환**

화학생물공학부 교수

나노 기술nanotechnology이란 나노미터nm 크기의 물질들을 기초로 하여 우리 실생활에 유용한 소재, 부품, 시스템을 만드는 기술을 말합니다. 여기서 '나노'는 난쟁이를 뜻하는 그리스어 '나노스'nanos에서 유래하였습니다. 1나노미터는 1미터m의 10억 분의 1인데, 사람 머리카락의 굵기가 보통 0.07~0.08밀리미터이니까 1나노미터는 머리카락 굵기의 8만 분의 1쯤이라고 생각하면 됩니다. 1미터와 1나노미터의 비교는 서울-부산 간 거리와 새끼손가락 길이, 혹은 지구와 동전의 크기를 견주었을 때를 상상해 보면 됩니다. 사람의 눈에 보이지도 않는 먼지는 500~1,000나노미터, DNA의 폭은 1~5나노미터, 수소 원자의 크기는 0.1나노미터라고 합니다. 광학 현미경으로 볼 수 있는 세포나 박테리아와 달리, 수 나노미터 크기의 물체는 성능이 좋은 투과 전자 현미경이나 원자 현미경(주사 터널링 현미경, 원자 힘 현미경)이 있어야 관찰할 수 있습니다.

그렇다면 나노는 현대의 창작물일까요? 인류는 나노미터 크기의 물질이 존재한다는 것을 인식하지 못했을 뿐, 나노 물질nanomaterials이 가진 특이한 현상을 오래전부터 이용해 왔습니다. 4세기경 로마 시대에 제조되었다고 알려진 아름다운 루비색의 리쿠르고스 컵Lycurgus Cup, 중세 유럽 및 빅토리아 시대의 스테인드글라스가 그 예입니다. 그보다 더 과거로 거슬러 올라가면, 기원전 15세기에서 기원후 9세기까지 멕시코 남부의 마야족이 사용한 염료인 마야 블루와 우리 조

상들이 사용한 숯에서도 나노 물질을 이용한 예를 찾을 수 있습니다.

독특한 나노 구조nanostructure는 자연에서도 많이 찾아볼 수 있습니다. 항상 깨끗한 상태를 유지하는 연잎의 표면, 벽을 기어오르는 도마뱀의 발바닥 구조, 공작새의 화려한 깃털, 남미에 서식하는 모르포 나비의 반짝이는 날개 표면, 영롱한 오팔의 색상 등 이 모든 것이 나노미터 크기의 물질 구조에서 기인하는 특성입니다.

같은 탄소 원자라도 육각형 평면 구조로 배열되면 흑연이 되고, 3차원적인 입방체 구조면 다이아몬드가 되듯 구조에 따라 다른 성질의 물질이 됩니다. 그런데 나노 물질은 같은 원자로 같은 구조를 이루고 있더라도 크기에 따라 색깔이 바뀌기도 합니다. 귀금속으로 쓰이는 금은 광택이 있는 노란색이지만 금 원자가 500개 이상 모여 있는 금 나노 입자nanoparticle(s)는 빨간색으로 보입니다. 나노 입자의 특성은 크기, 모양, 구조 등과 밀접히 연관되어 있습니다.

## 다양한 분야에서 활용되는 나노 기술

나노 물질은 이미 학문에서 하나의 큰 축을 이루고 있으며 그 응용 분야 또한 매우 다양합니다. 현대인에게 필수품이 된 휴대폰과 노트북에는 모두 리튬 이온 배터리가 사용됩니다. 요즘 많이 개발되는 전기차 역시 배터리를 이용하여 움직이지요. 이것은 리튬 이온 배터리가 충전과 사용이 자유로운 2차 전지이기 때문입니다. 리튬 이온 배터리는 리튬이 들어간 광물을 녹여 이온으로 만들고, 서로 다른 전극으로 이동하는 현상을 이용하여 충전과 방전을 합니다. 현재 리튬 이온 배터리를 연구하는 목적은 조금 더 가볍게, 조금 더 오래, 조금 더 안전하게 쓸 수 있는 새로운 물질을 만들어 이를 제품으로 구현하기 위해서입니다. 그렇기에 새로운 나노 입자를 개발하고 활용하는 연구가 다양하게 진행되고 있습니다. 나노 입자는 작은 크기로 인하여 매우 넓은 질량 대비 표면적을 가지고 있어서 이를 활용하면 배터리를 경량화하면서도 더 많은 에너지를 얻을 수 있고, 배터리의 사용 시간 또한 늘릴 수 있습니다. 지금까지 개발된 리튬 이온 배터리로는 전기차가 수 시간밖에 작동하지 못하기 때문에 많은 자동차 회사들이 나노 입자에 기반한 배터리 기술에 관심을 두고 있습니다.

전기차와 더불어 수소차 역시 매우 활발히 연구가 진행되는 분야입니다. 수소차는 산소와 수소를 이용하여 얻은 전기로 작동합니다. 이것은 에너지뿐만 아니라 환경 보전의 측면에서도 매우 중요한 기술이지요. 하지만 공기 중 산소를 이용하여 에너지를 얻는 것은 아주 어려운 작업입니다. 산소 분자는 그 자체로 매우 안정해서 화학 반응에 참여시키기가 어렵기 때문이지요. 나노 입자를 이용하면 더 수월하게 산소를 반응시켜 에너지를 얻을 수 있습니다. 이해하기 쉽게 예를 들어 설명해 보겠습니다. 산소를 분해하는 일은 마치 험한 산을 넘는 것과 같아서 많은 힘이 필요합니다. 만약 힘을 적게 들여 산을 지나가기를 원한다면 산을 뚫어 터널을 만들어야겠지요. 이렇게 터널을 뚫는 역할을 나노 입자가 담당합니다. 즉 나노 입자를 촉매로 사용하는 것이지요.

촉매란 일반적으로 자신은 소모되거나 변화하지 않으면서 전체 반응 속도를 빠르게 만들어 주는 물질을 말합니다. 다양한 물질이 나노 입자 형태가 되면 독특한 촉매 특성을 보입니다. 금은 원래 다른 물질들과 화학 반응을 잘 일으키지 않는 물질로 알려져 있었습니다. 하지만 연구자들이 금이 나노미터 크기로 줄어들면 매우 독특하면서 유용한 촉매 특성을 보인다는 사실을 밝혀내면서 지금은 금 나노 입자를 촉매로 이용하는 방법이 널리 알려져 있습니다. 요즘은 단순히 작게 만드는 것뿐만 아니라 나노 촉매의 표면 개질*이나 기능을 추가하는 방법도 개발되고 있지요. 촉매에 자성을 추가하여 반응 후 분리를 쉽게 하거나 센서 기능을 할 수 있는 물질을 추가하여 반응 경과 상태를 모니터링하기도 합니다. 앞으로 나노 촉매의 개발은 활성을 높이고, 다양한 기능을 추가하며, 부산물과 폐기물 발생을 최소화하는 방향으로 이루어질 것입니다.

---

\* 물질 표면에 원래 물질에 없던 물리, 화학, 생물학적인 특성을 부여하는 일로 표면의 거칠기, 전하, 반응성 등을 변화시키는 것을 일컫는다.

나노 입자는 의학 발전에도 크게 기여하고 있습니다. 관찰하기 어려운 질병이나 매우 작은 암 조직을 일찍 찾아낼 수 있도록 도와주고, 난치병을 치료하는 데 활용되기도 하며, 약물의 부작용과 독성을 줄여 질병을 효과적으로 치료할 수 있게 해 줍니다.

나노 입자는 우리 몸속을 돌아다닐 수 있을 정도로 작으면서 약물을 내포하기에 적당한 크기여서 질병이 있는 특정 부위에만 약물을 전달하는 데 활용할 수 있습니다. 나노 입자가 질병 부위에만 모이도록 나노 입자를 설계한다면 해당 질병 부위에 약효가 집중되도록 할 수 있을 뿐만 아니라 정상적인 다른 장기나 기관에 약물이 퍼지는 것을 최소화하여 부작용도 줄일 수 있습니다. 나노 입자는 암 조직에 잘 스며들어 머무르기에 적합한 크기여서 항암 치료제 개발에도 적극적으로 활용되고 있습니다. 또 의사는 질병의 상태를 진단하기 전에 여러 가지 영상 기술을 활용하여 환자의 몸을 관찰하는데, 나노 입자는 원하는 부위의 영상이 더 잘 보이도록 도와줍니다. 적은 양으로도 민감하게 신호를 줄 수 있어 특히 조영제로 많이 사용되지요. 예를 들어 자기장을 이용하는 자기 공명 영상MRI은 그냥 찍어도 몸속 상태가 잘 보이지만, 나노미터 크기의 자석 입자를 넣어서 관찰하면 훨씬 더 선명하게 볼 수 있습니다. 게다가 나노 입자는 특정 구조로 조립할 수 있어서 관찰과 치료를 동시에 할 수 있게 설계하는 것도 가능합니다. 치료 효과가 나타나는지 실시간으로 확인

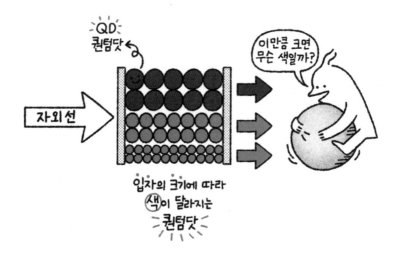

하면서 치료할 수 있으니 더 효율적이겠지요?

　나노 입자는 텔레비전이나 스마트폰 같은 전자 기기에도 사용됩니다. 국내의 한 전자 회사에서 퀀텀닷Quantum Dot, QD** 텔레비전을 개발하여 판매하고 있는데, 여기서 퀀텀닷은 반도체 성질을 가지는 나노 입자를 의미합니다. 이 반도체 나노 입자는 자외선을 쪼였을 때 예쁜 빛을 방출하는데, 신기하게도 그 빛의 색깔은 입자 크기에 따라 달라집니다. 예컨대 인화 인듐 나노 입자를 각기 다른 크기로 만들

---

** 　지름이 약 2~10나노미터인 반도체 나노 결정으로, 양자점이라고도 한다. 자외선을 쪼여 주면 크기에 따라 특정 파장의 빛을 방출한다. 퀀텀닷의 크기와 모양은 반응 시간과 조건을 조절하여 정확하게 제어할 수 있다.

면, 빨간색, 녹색, 파란색을 모두 표현해 낼 수 있지요. 이 외에도 나노 입자를 전자 기기의 축전기나 전지에 사용하기 위하여 많은 연구가 진행되고 있습니다.

나노 입자를 이용하면 자유롭게 착용할 수 있는 웨어러블 전자 기기도 만들 수 있습니다. 우리가 들고 다니는 딱딱한 재질의 스마트폰을 구부리고 돌돌 말 수 있다면 손목에 차거나 피부에 부착할 수 있겠지요. 먼 미래의 일이라고 생각하나요? 나노 기술이 발전하기 전에는 이렇게 휘어지는 기기를 공상 과학 영화에서나 볼 수 있는 물건이라고 여겼습니다. 그런데 지금은 나노 물질이 들어간 새로운 종류의 투명 전극을 이용하여 구부리고 말 수 있는, 심지어 종이처럼 구길 수 있는 기기들을 만들어 내고 있습니다.

투명 전극은 투명하면서도 전기 전도성이 있는 물질로, 스마트폰이나 엘시디Liquid Crystal Display, LCD, 엘이디Light Emitting Diode, LED 텔레비전 등에 사용되고 있습니다. 현재 상용화된 투명 전극은 마치 유리 같아서 구부리면 바로 깨져 버리고 말지요. 은 나노선을 이용하면 이러한 문제점을 해결할 수 있습니다. 은을 아주 가늘게 나노선으로 만들면 말랑해져서 힘을 주어 구부려도 깨지거나 끊어지지 않습니다. 또 은은 얇게 만들면 매우 투명해지는 성질이 있는데, 얇게 만든 은 나노선과 고분자를 섞으면 투명하면서도 전기가 통하고 휘어지는 투명 전극을 만들 수 있습니다.

이렇게 휘어지는 전자 기기를 이용하면 피부에 부착할 수 있는 엘이디 텔레비전도 만들 수 있습니다. 휘어지는 은 나노선으로 전기를 공급하고 반도체 나노 입자로 색깔을 내는 것이지요. 그리고 휘어지는 전자 기기에 온도, 습도 등을 느낄 수 있게 해 주는 물질을 붙이면 인공 피부도 만들 수 있습니다. 당뇨병 환자의 혈당 수치를 측정할 때에도 이러한 전자 기기를 활용할 수 있습니다. 당뇨병 환자는 혈당량을 재기 위하여 매일 손끝을 바늘로 찔러서 피를 빼내야 하는데, 휘어지는 전자 기기에 체액이나 땀으로 혈당량을 분석할 수 있는 나노 물질을 넣음으로써 기기를 피부에 부착하기만 하여도 혈당량을 실시간으로 측정할 수 있게 되었습니다.

## 나노 기술이 가져다줄 새로운 미래를 꿈꾸다

나노 기술이라는 개념조차 없던 1959년, 미국 캘리포니아 공대의 파인만 교수는 나노의 시대가 올 것임을 예언하였고, 1990년 컴퓨터 제조 회사 아이비엠은 크세논Xenon 원자 35개를 움직여 니켈 결정체 표면에 'I', 'B', 'M'이라는 글자를 쓰기도 하였습니다. 1990년대부터 새로운 나노 물질을 개발하고 활용하는 기술은 눈부신 발전을 거듭하였습니다. 그로부터 약 30년이 지난 현재의 나노 기술은 우수한 특성을 가진 수동적 나노 물질을 개발하는 것과 그 활용 단계를 넘어서서, 주변 환경과 외부 자극에 따라 물질의 구조가 바뀌거나 스스로 조립되어 새로운 기능과 특성을 발현하는 능동적 나노 물질을 개발하는 것으로 옮겨 가는 단계에 있습니다. 체내에서 세균이나 바이러스, 암세포 등을 인지하고 반응하여 약물을 방출하는 나노 의약품, 혈관을 막아 뇌졸중을 일으키는 혈전을 감지하여 빠르게 제거해 주는 혈관 청소용 나노 물질, 빛에 감응하여 색이 변하는 나노 입자를 주입한 실내 온도 조절 목적의 스마트 윈도 등 일상의 구석 구석에서 능동적 나노 물질의 활약을 기대해 볼 만합니다. 30년 전만 해도 영화 속에 등장한 자율 주행차가 매우 비현실적으로 보였지만, 이제는 완벽하지는 않아도 자율 주행이 가능한 자동차가 운행되고 있습니다. 영화 「어벤져스: 인피니티 워」에서 많은 사람을 놀라게 한 아이언맨의 나노 슈트를 기억하지요? 나노 입자를 순간적으로 조립하여 슈트를 만들어 내는 아크 리액터(아이언맨의 가슴에 달려 있는, 막대한 양의 전력을 지속적으로 생산하는 장치)를 지금은 영화의 한 장면에서나 볼 뿐이지만, 능동적 나노 물질과 분자 수준에서 제어 가능한 나노 시스템에 관한 연구가 축적된 미래에는 실제 기술로 구현될 것입니다.

이처럼 나노 기술은 전자·통신, 소재, 의료, 생명 공학, 환경, 에너지, 군사, 항공 우주 등 우리 생활 전반에 걸쳐 여러 가지 형태로 영향을 주고 있으며, 앞으로도 계속 우리 삶의 모습을 바꾸어 나갈 것입니다. 나노 기술의 발전이 가져다줄 미래의 모습이 기대됩니다.

# 2

## 땅속에 숨겨진
## 보물을 찾아서

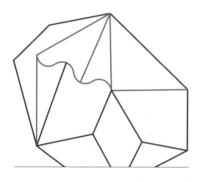

#자원탐사
#인공지진파

**민동주**

에너지자원공학과 교수

어릴 적 보물찾기를 해 본 경험이 있지요? 숨겨진 보물을 찾기 위하여 주변을 샅샅이 뒤졌는데 결국 찾지 못해 아쉬워하던 기억이 떠오를지도 모르겠습니다. 아니면 운 좋게 보물을 찾아서 기뻐하던 기억이 날 수도 있지요. 보물은 대개 우리가 꼼꼼히 살피면 충분히 찾을 수 있는 곳에 숨겨져 있습니다. 만약 보물이 땅속에 숨겨져 있다면 어떻게 찾을 수 있을까요? 일단 보물이 있을 것 같은 곳을 파서 확인해야 할 것입니다. 그런데 땅을 일일이 파서 보물이 있는지 확인하려면 시간이 많이 걸리겠지요. 조금 더 빠르게 찾을 수 있는 방법이 있으면 좋을 텐데요.

우리가 편안하게 일상생활을 하기 위해서는 석유나 가스, 철, 구리 같은 자원이 필요한데 이러한 자원은 주로 땅속에 묻혀 있습니다. 그래서 이런 자원을 찾는 것은 땅속에 있는 보물을 찾는 것과 비슷합니다. 어떻게 하면 이런 지하자원이 묻힌 곳을 빠르고 정확하게 찾아낼 수 있을까요?

### 우리 몸처럼 땅속 진찰하기

우리는 몸이 아프면 병원에 가서 진찰을 받고, 정밀 진단이 필요하다면 초음파, CT, MRI 등의 검사를 합니다. 마찬가지로 땅속 어디에 자원이 분포해 있는지 알기 위해서는 다양한 조사가 필요합니다. 땅속을 조사하는 방법은 병원에서 진행하는 검사들과 그 원리가 거의 같습니다. 단지 우리 몸은 작은 데 반해 우리가 조사하고자 하는 땅은 매우 넓고 깊어서 이에 맞는 장비가 필요할 뿐이지요. 또한 병의 종류에 따라 검사 방법이 달라지듯이 땅속에 묻힌 자원의 종류에 따라 조사 방법이 달라집니다. 예를 들어, 암석보다 전기가 잘 통하는 특성이 있는 금, 은, 철 등의 광물 자원을 탐사할 때는 전기 탐사나 전자기 탐사를 이용하고, 석유, 가스, 메탄 하이드레이트 등을 탐사할 때는 지층의 구조적 특성을 파악하는 것이 중요하므로 인공 지진파 탐사를 수행합니다.

초음파는 물체에 반사되는 특징이 있는데 이러한 초음파의 특성을 이용하여 몸속을 살펴보는 것이 초음파 검사입니다. 우리가 산 정상에 올라가서 "야호!" 하고 외치면 그 소리가 주변 산 등에 부딪혀 메아리로 돌아오는 것도 같은 원리입니다. 소리가 되돌아오는 시간을 재고 거기에 공기 중에서의 소리의 전파 속도(340m/s)를 적용하면 마침내 소리가 왕복한 거리를 알 수 있습니다. 마찬가지로 땅속에 신호를 보내면 그 신호가 땅속 층 경계에 부딪혀 되돌아오는데 이런 신호를 이용하여 땅속을 보여 주는 영상을 얻을 수 있습니다.

이러한 신호는 어디에 반사되느냐에 따라 그 특성이 달라집니다. 땅속에 신호를 보내면 땅속 층 경계에서 반사되어 돌아오는 신호가 있는데, 땅속에서는 인접한 두 층의 특성이 서로 다른지 비슷한지에 따라 신호의 세기가 커지거나 작아집니다. 예를 들어, 단단한 바위에 반사되어 돌아오는 메아리는 크게 들리고, 덜 단단한 물체에 반사되어 돌아오는 메아리는 작게 들리지요. 또한 땅속의 암석이 매우 단단한지(밀도가 큰지) 덜 단단한지(밀도가 작은지)에 따라 신호의 전파 속도가 달라집니다. 따라서 땅속으로 전파되어 돌아오는 파동의 특성을 분석하면 땅속에 대한 정보를 대략적으로나마 알 수 있습니다.

그러면 땅속으로 보내는 신호는 어떻게 만들어지고 또 어떻게 퍼져 나가는 것일까요? 몇 년 전 경주와 포항에서 큰 지진이 일어났는데 멀리 떨어진 서울에서도 그 진동을 느낄 수 있었습니다. 이는 지진으로 발생한 진동이 사방으로 퍼져 나가 서울까지 도달하였기 때문입니다. 지진이 나면 진동이 퍼져 나가면서 땅도 흔들리고 건물도 흔들리는데, 석유와 가스가 어디에 묻혀 있는지 조사할 때도 이런 진동을 이용합니다. 이는 다른 방법들보다 땅속의 모양을 잘 보여 주기 때문입니다. 그런데 지진은 우리가 원하는 시간에 원하는 곳에서 발생하지 않지요. 그래서 우리가 조사하고 싶은 지역이 있으면 인위적으로 진동을 만들어 주는 것입니다. 진동을 만드는 건 매우 간단합니다. 보통 지표 근처 땅속에서 다이너마이트 같은 것을 터뜨리거나, 바다에서는 큰 규모의 공기총을 쏴서 진동을 일으킵니다. 최근에는 이들 외에도 진동을 일으키는 다양한 장비들이 개발되어 사용되고 있습니다.

이러한 방식으로 땅속으로 신호를 보내면 그 신호가 돌아오는 데 얼마나 걸리는지 시간을 재고, 돌아온 신호의 크기를 기록하여 땅속이 어떻게 생겼는지 추측합니다. 그런데 땅속을 다녀온 신호는 보통 그 크기가 작아서 한 지점에서만 신호를 기록하면 그 기록만 갖고서는 땅속을 제대로 알기 어렵습니다. 그래서 한 번 신호를 만들어 보낼 때 여러 곳에서 신호를 기록합니다. 이렇게 얻어진 기록들은 복잡한 모양을 띠고 있어서 그냥 눈으로 봐서는 땅속 모양을 알 수 없으므로 이들이 땅속 모양을 잘 보여 줄 수 있도록 특별한 처리를 합니다. 그러면 땅속이 어떻게 생겼는지를 보여 주는 영상을 얻을 수 있습니다.

땅속에는 석유와 가스가 잘 모이는 구조가 있는데 땅속 영상을 통하여 그와 같은 구조를 찾아냅니다. 석유와 가스가 땅속 깊은 곳에서 만들어지면 이들은 주변 암석보다 가벼워서 틈이 있으면 그 틈을 따라 위로 올라오려는 성질이 있습니다. 그렇게 위로 올라오다가 사암(모래가 쌓여서 굳어진 암석)처럼 내부에 구멍이 많은 암석을 만나면 암석 내부의 구멍을 석유와 가스가 채우게 됩니다. 이때 사암 위나 양옆으로 치밀하고 단단한 암석인 셰일이 덮여 있으면, 사암 내부의 구멍을 채운 석유와 가스는 다른 곳으로 도망가지 못하고 그대로 사암 내에 고여 있게 됩니다. 석유와 가스 같은 유체들은 주변 암석보다 가벼워서 아래쪽으로 내려가지 않습니다.

땅속으로 보낸 신호가 어딘가에 부딪혀 돌아오면 그 크기를 기록하여 땅속 모양을 파악한다. 한 지점에서만 받은 신호로는 땅속을 제대로 파악하기 어려우므로 한 번 신호를 만들어 보낼 때 여러 곳에서 신호를 기록한다.

## 진짜 땅속 비밀을 풀기 위하여

석유와 가스를 많이 개발하지 않았던 시절에는 그것이 땅속 얕은 곳에도 많이 묻혀 있어서 찾기도 쉽고 추출하기도 쉬웠습니다. 그런데 오랜 세월 동안 끊임없이 이루어진 개발로 이제는 석유와 가스를 찾아내기가 어려울 뿐더러 있다 하더라도 추출하기 어려운 곳에 매장된 경우가 많습니다. 이렇다 보니 예전처럼 석유와 가스가 잘 모일 것 같은 구조를 찾아내는 것만으로는 개발에 실패하기 쉽습니다. 그래서 요즘에는 땅속에서 진동이 얼마나 빨리 퍼져 나가는지, 땅속이 얼마나 단단한지와 같은 정보를 알아냄으로써 암석 내에 석유나 가스가 묻혀 있는지, 묻혀 있다면 얼마만큼 묻혀 있는지를 알아냅니다.

땅속 암석의 특성에 따라 땅속에 들어갔다 나온 진동의 특성도 달라지므로 진동의 특성을 분석해서 땅속의 특성을 알아낼 수 있습니다. 그런데 진동의 특성을 결정하는 데는 여러 원인이 한꺼번에 작용하기 때문에 그 원인들이 무엇인지 다 찾아내기란 쉽지가 않습니다. 예를 들어, 슈퍼마켓에서 다양한 종류의 과자를 30봉지 사는 데 6만 원이 들었다고 해 봅시다. 사람들에게 내가 6만 원으로 산 과자의 종류와 개수를 맞혀 보라고 하면 거의 맞히지 못할 것입니다. 6만 원으로 과자 30봉지를 살 수 있는 경우가 무척 다양하기 때문이지요. 그런데 어떤 종류의 과자를 샀다는 것을 미리 알려 준다거나 답을 유추하는 데 도움이 될 몇 가지 힌트를 준다면 답을 찾아내기 조금 더 쉬울 것입니다. 진동의 특성으로부터 땅속 정보를 알아내는 것도 마찬가지입니다. 땅속에 대한 힌트가 존재한다면 땅속 정보를 정확히 알아내는 것이 비교적 쉽지만 그렇지 않은 경우에는 큰 어려움에 맞닥뜨립니다. 또 우리가 힌트라고 생각한 내용이 사실과 다르다면 엉뚱한 결론을 낼 수도 있습니다.

물론 땅속에 대한 힌트가 전혀 없는 상태에서도 땅속 정보를 알아낼 수 있습니다. 먼저 간단한 땅속 구조와 특성을 가정하고 이로부터 나올 수 있는 진동의 특성을 예측해 봅니다. 이렇게 예측한 진동의 특성을 실제 자료와 비교하고, 실제와 많이 다르면 실제와 비슷해지도록 땅속 구조와 특성에 대한 예측을 바꾸어 나갑니다. 이런 과정을 반복하다 보면 실제 자료와 비슷한 진동을 보여 주는 땅속 구조와 특성을 알아낼 수 있습니다. 이 외에도 다양한 방법이 있지만 때에 따라 제대로 된 결과를 얻기도, 혹은 잘못된 결과를 얻기도 한다는 한계가 있습니다. 현재 기존 기술들의 효율성을 높이기 위한 방법과 인공 지능 기법을 접목한 기술 등을 통하여 땅속 정보를 정확히 찾기 위한 기술 개발이 활발히 진행되고 있습니다. 언젠가는 땅속에 대한 사전 정보나 사람의 간섭 없이도 현장에서 얻은 자료로부터 정확하게 땅속 구조와 정보를 알아내는 기술이 개발되리라 기대합니다.

# 3

## 태양 에너지의
## 변신은
## 어디까지일까?

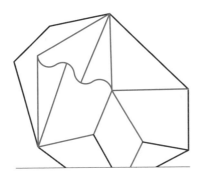

#재생에너지
#태양광전지판

**허은녕**

에너지자원공학과 교수

태양 에너지는 태양이 방출하는 에너지를 일컫는 것으로, 열, 바람, 전기, 수소, 바이오 등 매우 다양한 형태로 변환할 수 있기 때문에 잠재력이 무궁무진한 에너지 자원입니다. 태양 에너지는 지구 어디서나 얻을 수 있습니다. 열대 지방에서도 북극에서도 얻을 수 있지요. 그렇기 때문에 태양 에너지는 지구상의 모든 생명체가 태초부터 적극적으로 사용해 온 에너지라고 할 수 있습니다. 사실 대부분의 생명체는 태양 에너지 덕분에 지구에서 번창할 수 있었습니다. 식물의 광합성이 대표적인 예지요. 그래서 아주 오래전에 이 땅에 살았던 식물과 동물이 죽어 땅에 묻힌 후 변형되어 만들어진 석유, 석탄, 천연가스 등도 태양 에너지 덕분에 만들어졌다고 할 수 있겠습니다.

## 언제, 어디서나 얻을 수 있는 태양 에너지

사람들은 태양 에너지를 다양한 형태로 사용할 수 있다는 사실을 예전부터 알았습니다. 태양 에너지는 강물과 바닷물을 증발시켜 비로 내리게 합니다. 또 온도와 기압 차이를 만들어 바람이 불게 하고, 달과 함께 바닷물을 끌어당겨 출렁이게 만듭니다. 이러한 원리를 알게 된 사람들은 댐을 쌓고 물레방아와 풍차를 만들어 방앗간의 동력원으로 사용하였으며, 돛을 만들어 배를 나아가게 하였습니다. 공학자들은 물레방아와 풍차에 첨단 기술을 더하여 수력, 풍력이라고 부르는 새로운 에너지원을 만들었습니다. 또한 바다의 썰물과 밀물의 차이나 파도의 출렁임을 보고 바다에 물레방아와 같은 기계를 설치하여 조력 및 파력 에너지를 얻을 수 있게 하였습니다.

사람들은 오래전부터 바람에 떨어진 나무의 잔가지들이나 동물의 배설물을 말려 땔감으로 쓰고, 땅에 묻어 둔 음식물 찌꺼기를 파내어 비료로 사용하였는데, 공학자들은 이러한 행위들에 첨단 기술과 장비를 더하여 바이오 에너지와 폐기물 에너지를 얻을 수 있게하였습니다. 공학자들은 무엇보다도 태양열과 태양 빛을 직접 에너지원으로 변환하는 기술과 장비의 연구에 주력하였는데, 그것이 바로 태양열 에너지와 태양광 에너지입니다.

태양 에너지는 지구가 존재하는 한 언제나 사용할 수 있는 자원입니다. 이렇게 언제 어디서나 풍부하게 얻을 수 있는 에너지를 재생에너지라고 합니다. 이때 일광욕이나 나뭇잎을 태우는 일처럼 자연의 에너지를 그대로 사용하는 경우는 재생 에너지라고 하지 않습니다. 기술을 사용해서 자연 에너지를 더 활용하기 쉽게 변환하거나모아서 사용하는 것만을 재생 에너지라고 부릅니다. 재생 에너지는에너지원이 친환경적일 뿐만 아니라, 에너지를 만들어 낼 기술만 있다면 우리나라같이 자원이 부족한 나라도 환경에 구애받지 않고 효과적으로 사용할 수 있기 때문에 특히 각광을 받고 있습니다. 우리나라는 특별히 재생 에너지를 법으로 지정하여 그것을 사용하거나 그 기술을 연구하는 사람, 그리고 태양 에너지 장비를 만드는 기업 등을 지원하고 있습니다.

## 태양 에너지가 하는 일

햇빛이 나무의 초록색 잎에 닿으면 잎 속의 엽록소라는 작은 공장들이 돌아가기 시작합니다. 햇빛을 붙드는 능력이 아주 뛰어난 나뭇잎은 태양 에너지를 저장해 두었다가 필요한 영양분을 만들 때 이를 사용합니다.

태양 에너지가 특정 물체와 만나서 다른 형태의 에너지로 바뀌는 것은 생활 속에서도 쉽게 찾아볼 수 있습니다. 예를 들어, 태양 빛은 실리콘과 같은 특정한 광물에 닿으면 전기를 만들어 내는데, 이를 태양 전지판이라고 합니다. 태양의 열을 저장하는 금속과 유리로 만든 태양열 온수기도 있습니다. 지붕 위에 설치한 태양광 전지판이나 태양열 온수기를 본 적이 있을 것입니다. 이들도 나뭇잎처럼 태양 에너지를 잘 붙들어 에너지를 만듭니다.

이처럼 햇빛과 태양광 전지판만 있다면 전기를 만들어 냉장고를 돌리거나 전화기를 충전할 수 있습니다. 그래서 높은 산에서 사고가 난 사람들을 구조하는 산악 구조대원들은 태양광 전지판을 가지고 다닙니다. 태양 에너지로 휴대 전화를 충전하여 구조 본부나 응급 환자와 연락이 끊기는 일이 없도록 하기 위해서지요. 이런 태양광 전지판은 1954년에 벨랩Bell Lab에서 처음으로 만들었습니다. 이후 인공위성 등에 사용하다가 1970~1980년대 1, 2차 석유 위기를 거치면서 본격적으로 전기를 만드는 데 사용하게 되었습니다.

최근에는 태양 에너지로 자동차를 움직이게 하거나 비행기를 날게 하기도 합니다. 솔라 임펄스Solar Impulse라는 태양광 비행기는 2016년에 세계 최초로 태양 에너지만으로 세계 일주에 성공하였습니다. 또 태양광으로 가는 자동차들이 모여 우리나라를 한 바퀴 돌 수 있는 거리를 달리는 경주를 벌이기도 했지요. 이처럼 태양 에너지로 작동하는 기계가 점점 늘어나고 있습니다. 태양광 전지판으로 건물의 벽을 만들고 도로를 포장하기도 하고, 밤에 안전하게 다닐 수 있게 사람이나 동물이 횡단보도에 있으면 불이 켜지는 장치를 설치하기도 합니다.

태양열은 우리가 이미 많이 사용하는 형태의 태양 에너지입니다. 낮에 캠핑을 하면서 음식을 만들어 먹을 때 태양열 조리기를 사용하기도 합니다. 거울을 모아 만든 반사판으로 음식을 데우고 요리하지요. 또 태양열로 물을 데우거나 방을 따뜻하게 만들고, 집을 지을 때 벽을 특수하게 만들어 낮에 태양열을 벽에 저장하였다가 밤에 그 에너지를 건물로 들여보내서 안을 따뜻하게 만들기도 합니다.

## 흐린 날에도 태양 에너지로 전기를 만들려면

햇빛이 태양 전지판에 부딪히면 실리콘으로 만든 태양 전지판 안쪽의 눈에 보이지 않는 작은 전자들이 떨면서 앞뒤와 옆으로 움직이기 시작합니다. 특히 실리콘 안에 있는 전자들은 빛을 쪼이면 많이 움직이는데 이런 효과를 광기전력 효과Photovoltaic effect라고 합니다. 광기전력 효과에 의하여 움직이게 된 전자들은 그 옆에 있던 다른 전자들도 움직이게 만듭니다. 이런 방식으로 전자들이 계속 움직이면서 전선에 전기가 흐르는 것이지요.

하지만 태양 전지판 역시 사용하는 데 제약이 있습니다. 햇빛이 있어야만 전기를 만들 수 있기 때문에 해가 없는 밤은 물론이고 비가 오거나 태양광 전지판을 덮을 정도로 눈이 많이 오는 날에는 쓸 수가 없습니다. 또한 해가 떠 있는 시간이 짧은 겨울에는 쓸 수 있는 에너지의 양이 적어진다는 문제점도 있습니다. 그래서 태양 에너지를 저장해 둘 수 있는 장비가 필요합니다. 낮 동안에 태양 전지판이 햇빛으로 전기를 만들면, 이 전기로 펌프를 돌려 물을 댐 위에 있는 저수지로 퍼 올려 두었다가 밤에 저수지의 물을 다시 아래로 내려보내 전기를 만들기도 하는데, 이를 양수 발전이라고 합니다. 자연을 이용한 아주 큰 전기 저장 장치인 것이지요. 이러한 방법 외에도 남는 전기를 사용하여 바위 동굴 안에 공기를 압축해서 넣어 두었다가 필요할 때 압축된 공기로 전기 터빈을 돌려 전기를 만들거나, 남는 전기로 수소를 만들어 저장해 두었다가 필요한 곳으로 옮겨 사용하는 방법도 있습니다. 이러한 방법은 남는 전기를 배터리에 그냥 담아 두는 것보다 비용이 저렴하고 저장하는 동안 새어 나가는 전기가 적다는 장점이 있습니다.

## 태양 에너지를 저장하는 첨단 기술로

태양 에너지를 저장하는 기술의 개발은 최근 공학자들이 가장 심혈을 기울여 연구하는 분야입니다. 요즘 큰 관심을 모으는 전기 자동차나 수소 자동차의 배터리 기술 역시 에너지 저장 기술 중 하나이지요. 더 값싸고 안전하며 손쉽게 사용할 수 있는 배터리를 만나기 위해서는 아직 더 많은 연구를 해야 합니다. 기존 것보다 조금 더 효율이 좋은 전지판을 만들기 위한 연구도 활발히 이루어지고 있습니다. 최근에는 태양 전지판을 한 겹이 아니라 무려 일곱 겹으로 쌓아서 만드는 기술을 개발하는 데 성공하였습니다. 한 번 받은 태양 빛으로 7배나 많은 전기를 생산하는 것이지요.

집집마다 벽에 붙여 사용할 수 있는 태양 전지를 개발하기 위한 연구도 이루어지고 있습니다. BIPV<sub>Building Integrated Photovoltaic System</sub> 시스템이라고 부르는데, 건물의 벽체와 같아서 집을 지을 때 사용할 수 있습니다. 물론 투명하게 할 수도, 색을 마음대로 입힐 수도 있지요. 아예 페인트처럼 칠할 수 있는 태양 전지도 연구 중입니다. 염료 감응형 태양 전지Dye-Sensitized Solar Cell라는 것인데, 얇은 유리막 사이에 특수 염료(페인트나 잉크)를 넣어 두면 그 염료가 마치 식물이 광합성하듯 빛을 흡수하여 전기를 생산하는 기술이지요. 플라스틱 판 사이에 넣으면 곡선 면에도 적용할 수 있고, 프린터로 잉크를 종이에 인쇄해서 사용할 수도 있습니다. 가장 일반적인 태양 전지인 실리콘 태양 전지보다 생산 효율은 다소 떨어지지만 하루 중 전기를 만들 수 있는 시간이 길고 생산 단가가 매우 낮다는 장점이 있어 차세대 태양 전지라고 불립니다.

최근 에너지 공학자들 사이에서는 비가 오거나 흐린 날에도 사용할 수 있는 태양광 전지판을 개발하기 위한 경쟁이 뜨겁습니다. 더 나아가 우주에서도 전기를 만들 수 있는 태양광 전지판을 연구하는 공학자도 있습니다. 흐린 날이 없는 우주에서 에너지를 만들어 지구로 보내는 방법을 연구하는 것이지요. 지금도 우주 정거장에서는 태양 전지를 사용하여 에너지를 얻고 있습니다. 이걸 우주에 더 크게 만들고, 이렇게 만든 에너지를 지구로 보내는 방법을 여러 나라에서 연구하고 있습니다.

# 4

## 실험실에 태양이
## 떠오른다면

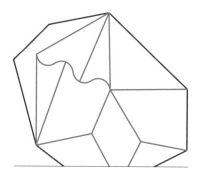

#핵융합에너지
#인공태양

**황용석**

원자핵공학과 교수

에너지는 사람과 세상 만물에 움직일 수 있는 힘을 줍니다. 인류는 불을 에너지로 사용하면서 문명 시대로 나아가는 첫걸음을 내디뎠습니다. 불을 사용하여 음식을 익혀 먹고, 쇠를 녹여 농기구나 무기 등의 도구를 만들어 쓰면서 청동기와 철기 문명이 시작되었지요. 석탄을 태워 만든 수증기로 움직이는 증기 기관을 만들어 산업 혁명을 가능하게 하였으며, 20세기 들어 제2의 불이라 불리는 전기 에너지를 사용하면서 인류의 삶은 획기적으로 바뀌기 시작하였습니다.

전기 에너지는 이제 공기나 물처럼 사람이 살아가는 데 없어서는 안 되는 것이 되었습니다. 건물 안 어디에서든 전기 콘센트에 연결만 하면 발전소에서 만들어 보내 주는 전기 에너지를 쓸 수 있지요. 추위와 더위를 막아 주는 것도, 어둠 속에서 불빛을 밝히는 것도 모두 전기 에너지를 사용해야 가능한 일입니다. 배터리가 개발되어 전기를 저장해 두는 것이 가능해지면서 언제 어디서나 노트북, 스마트폰 등 다양한 휴대용 기기를 사용할 수 있게 되었습니다. 인공 지능과 빅 데이터로 대표되는 4차 산업 혁명 시대에도 전기 에너지의 중요성은 줄어들지 않습니다. 알파고를 이기는 가장 쉬운 방법이 컴퓨터에 연결된 전기 플러그를 뽑는 것이라는 말을 떠올리면 오히려 전기 에너지의 중요성이 더 커질 것 같다는 생각마저 듭니다.

## 에너지 문제를 해결하는 실마리, 태양의 힘

전기는 다양한 에너지원을 사용하여 만들 수 있습니다. 가장 쉽고 오래된 방법은 석탄, 석유, 가스와 같은 화석 연료를 태울 때 나오는 열을 이용해서 발전기를 돌리는 것입니다. 그런데 이러한 방법은 온실 가스나 미세 먼지를 배출하여 급격한 기후 변화의 원인을 제공하고 환경에 부정적인 영향을 미칩니다. 그래서 이를 대체할 에너지원으로 원자력 발전이 떠오르기 시작하였습니다. 원자력 발전은 제3의 불로 불리며 그 사용 비중이 급격히 늘어났지요. 그러나 2011년 후쿠시마 원전 사고 후 원자력의 잠재적 위험성에 대한 우려가 커지면서, 현재 우리나라에서는 태양광이나 풍력 같은 재생 에너지를 확대하고 원전을 줄여 나가는 정책을 추진하고 있습니다.

태양광 에너지는 대표적인 재생 에너지 중의 하나로, 우리나라처럼 자원이 부족한 나라에서도 쉽게 이용할 수 있습니다. 그런데 태양은 지구에서 멀리 떨어져 있기 때문에 빛이 넓게 퍼져 들어와 면적당 빛의 양이 많지 않습니다. 이러한 태양 에너지를 충분히 모으려면 넓은 면적에 태양 빛을 받아 전기 에너지로 바꾸는 판들을 설치해야 합니다. 하지만 국토 면적의 70퍼센트가 산악인 우리나라에서는 충분히 넓은 땅을 구하기가 어렵습니다. 더구나 우리나라의 경우 화학, 철강, 조선, 자동차 공장이 모여 있는 동남쪽 지역에서 전기 에너지의 대부분을 소비하는 데다 수도권 같은 도심은 인구 밀집도가 상당히 높기 때문에 에너지 밀도가 낮은 태양광 에너지가 원자력이나 화석 에너지를 대신하기란 매우 어려워 보입니다.

그렇다면 친환경적이면서도 적은 비용으로 풍부한 전기 에너지를 만들어 내는 에너지원을 찾는 것은 힘든 일일까요? 에너지 문제를 해결할 실마리는 우리가 살아가는 우주에 있습니다. 우주 곳곳으로 에너지를 내뿜는 별과 태양의 원리를 이용하여 지구에 인공 태양을 만드는 것이지요.

## 제3의 불, 핵분열을 이용한 원자력 에너지

우주를 이루는 물질은 100가지가 넘는 종류의 원소인 원자들로 이루어져 있다고 합니다. 원자는 전하를 띠지 않는 중성자와 양의 전하를 띠는 양성자가 모여 있는 원자핵과, 그 주변을 도는 음의 전하를 띤 전자들로 구성되어 있습니다. 원자핵 속에 들어 있는 양성자의 수와 주변 전자의 수는 같아서 전기적으로 중성을 이루고 있으며 그 숫자가 원소의 종류를 결정하지요. 그리고 양성자의 수는 같은데 중성자의 수가 다른 원소를 동위 원소라고 합니다.

아인슈타인의 상대성 이론을 들어보았지요? 원자핵이 핵반응을 일으키면 원소의 종류가 바뀔 수 있고, 이때 반응 전 원자핵의 질량이 반응 후 줄어들면 줄어든 질량에 비례해서 큰 에너지가 나올 수 있다는 내용입니다. 이것은 새로운 에너지 개발로 향하는 문을 열어

원자는 원자핵과 여러 개의 전자로 구성되어 있다. 원자 핵은 전하를 띠지 않는 중성자와 양의 전하를 띠는 양성 자가 결합한 것으로 원자의 대부분을 차지한다.

주었습니다. 원자력은 원자핵이 쪼개지거나 합쳐지는 등의 변화를 겪을 때 방출되는 에너지를 말합니다. 질량이 큰 원자의 핵을 분열 시키면 막대한 에너지가 나오는데, 이 핵분열을 이용하는 것이 우리 가 아는 원자력 발전과 원자 폭탄입니다. 중성자가 우라늄 원자핵을 분열시키면 에너지와 함께 두세 개의 중성자가 방출되는데, 이 중성자는 다시 원자핵과 만나 앞의 과정을 반복합니다. 핵분열이 연쇄적으로 일어나는 과정에서 반응 속도는 점점 더 빨라지고 원자 폭탄과 같은 엄청난 힘이 일어나게 됩니다. 이러한 막대한 힘은 인류에게 두려움의 대상이 되기도 하였지만 핵분열 과정에서 생기는 중성자의 수를 조절하여 반응이 천천히 일어나게 함으로써 안전하게 원자력을 발전하는 것이 가능해졌습니다. 그런데 원자력 발전의 안전성이 이것만으로 보장되는 것은 아닙니다. 핵분열 반응 후 생기는 새로운 원소 중에 스스로 쪼개지면서 방사선과 열을 내는 폐기물이 있는데, 이들을 안전하게 관리하는 것이 원자력 발전의 안전성을 확보하는 데 중요한 일입니다.

## 실험실에서 핵융합 에너지를 만들다

핵융합 반응은 가벼운 원소의 원자핵들이 만나서 합쳐져야 일어나는데, 원자핵은 모두 양의 전하를 띠고 있어 서로 밀어냅니다. 자석이 같은 극끼리 서로 밀어내고 다른 극끼리 잡아당기는 것처럼 말입니다. 그런데 전기를 띤 두 전하 사이에 작용하는 전기력은 거리가 가까울수록 커집니다. 약 $10^{-15}$미터의 아주 작은 크기의 원자핵들이 만나서 합쳐지려면 두 전하 사이에 작용하는 엄청난 힘의 전기력을 이길 정도로 빠르게 부딪쳐야 합니다. 그리고 이렇게 빠르게 움직이려면 수억 도씨의 높은 온도가 필요합니다. 핵융합 발전이 어려운 이유가 바로 이 같은 높은 온도를 유지하는 것이 어렵기 때문입니다. 하지만 일단 핵융합 반응이 일어나기에 충분히 높은 온도 이상으로 가열하면 핵융합 반응에서 나오는 에너지로 연료 플라스마$_{plasma}$*가 계속 가열되어 핵융합 반응을 유지할 수 있습니다.

핵융합 발전이 더욱 주목받는 이유는 안전성 때문입니다. 만약 핵융합 장치에 이상이 생기면 플라스마의 온도가 바로 낮아져서 핵융합 반응이 중지되므로 핵분열의 연쇄 반응처럼 에너지 증가가 일어날 가능성이 원천적으로 존재하지 않습니다. 또한 핵융합 반응 후 나오는 생성물은 헬륨과 같이 안정적인 원소이므로 방사성 폐기물의 위험성 역시 무시할 수 있는 정도입니다.

핵융합에 높은 온도가 필요하다는 점은 안전성의 관점에서는 아주 좋은 특성이지만, 수천 도의 용광로 쇳물을 생각해 보면 수억 도씨의 온도를 만들고 그 온도를 유지하는 것이 얼마나 어려운 일인지 예상할 수 있을 것입니다. 태양은 그 중심부의 온도와 압력이 이미 엄청나게 높고 그 자체가 핵융합의 연료인 수소로 이루어진 거대한 기체 덩어리이기 때문에 특별한 장치 없이도 그 안에서 계속 핵융합 반응을 일으키며 열과 빛을 방출합니다. 태양이 늘 밝게 빛나는 이유가 바로 핵융합 때문입니다.

---

\*　기체가 초고온으로 가열되어 음전하를 띠는 전자와 양전하를 띠는 이온으로 분리된 상태.

그렇다면 태양 내부와 유사한 초고온의 환경을 지구의 실험실에서 구현하는 것이 가능할까요? 이 질문에 대한 답은 플라스마에서 찾을 수 있습니다. 얼음에 열에너지를 가하면 녹아서 물이 되고, 물에 열에너지를 더 가하면 기체 상태인 수증기가 되지요. 그리고 이 수증기에 에너지를 더 가하면 전자가 떨어져 나와 양의 전하를 띠는 이온과 음의 전하를 띠는 전자로 이루어지는 하전 입자들의 모임인 플라스마 상태가 됩니다. 하전 입자들로 이루어진 플라스마는 전기장을 이용하여 수억 도씨에 달하는 높은 온도로 쉽게 가열할 수 있습니다.

수억 도씨의 뜨거운 플라스마를 어떻게 오랫동안 한곳에 가두어 둘 수 있을까요? 이에 대한 답 역시 플라스마의 특성에서 찾을 수 있습니다. 플라스마를 이루는 하전 입자인 전자나 이온은 자기장 방향으로는 자유롭게 움직일 수 있으나, 자기장과 수직 방향으로 움직이면 로런츠 힘Lorentz force**에 의하여 수직 방향으로 휘어져 자기장 주위를 원운동하게 됩니다. 이러한 원운동의 반지름은 자기장 세기에 반비례하므로 센 자기장을 걸어 주면 플라스마는 자기장에 묶여서 멀리 달아나지 못하지요. 따라서 도넛 모양의 용기에 도넛의 축 방향으로 토로이달 자기장을 걸어 주면, 자기장에 의하여 가두어진 플라

---

** 전기장과 자기장 속을 운동하는 하전 입자에 작용하는 힘. 움직이는 속도 방향과 자기장의 방향에 모두 수직 방향으로 힘을 받는다.

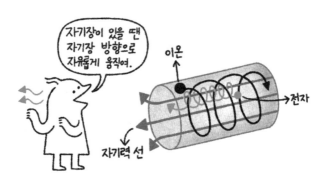

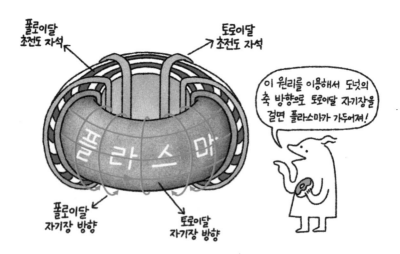

스마가 자기장 주위를 원운동을 하면서 도넛의 표면으로 빠져나오지 못하게 됩니다. 다람쥐가 쳇바퀴를 돌듯이 플라스마가 도넛의 축 방향으로 계속 돌면서 자기장 주위에 가두어지는 겁니다.

그런데 이러한 도넛 모양의 자기장에 가두어진 뜨거운 플라스마는 압력이 높아서, 가둠 성능이 약해지면 도넛의 표면 방향으로 팽창하면서 바깥으로 빠져나가게 됩니다. 자전거 튜브에 바람을 넣어 압력을 높이면 튜브가 팽창하면서 바깥쪽으로 밀려 나가는 것과 같은 원리입니다. 이것을 막으려면 도넛의 축 방향 자기장에 도넛의 단면을 감싸는 방향의 자기장, 즉 폴로이달 자기장을 더해서 뜨거운 플라스마를 가두어 둘 수 있는 용기가 있어야 합니다. 마치 씨줄과 날줄이 교차하면서 견고하게 짜인 바구니처럼 말입니다. 팽창하는 뜨거운 플라스마를 가두는 방식은 더하는 자기장을 어떻게 거느냐에 따라 크게 토카막tokamak과 스텔라레이터stellarator 두 가지로 나눌 수 있습니다.

### 실험실에 태양이 떠오를 수 있을까?

토카막은 도넛의 축 방향으로 플라스마 안에 전류를 흐르게 하여 폴로이달 방향의 자기장을 만듦으로써 플라스마를 가두는 장치입니다. 스텔라레이터는 도넛 모양의 바깥쪽에 전선을 감아 자기장이 생기게 하고 그 안에 플라스마를 가두는 방식입니다. 토카막은 현재

까지 구현된 핵융합 가둠 방식 중에서 성능이 가장 뛰어나지만 플라스마 내부로 전류를 계속 흘려보내는 것이 쉽지 않아 장치를 일정하게 운전하는 것이 어렵다는 단점이 있습니다. 그에 반하여 스텔라레이터는 토카막보다 성능이 떨어지고 자기장을 만드는 방식이 복잡하지만, 요즈음 발전하고 있는 초전도 자석 기술을 활용하면 연속운전이 수월하다는 이점이 있어 토카막의 대안으로 함께 연구되고 있습니다.

실험실에 만든 인공 태양을 연속해서 작동시키려면 강한 토로이달 자기장을 걸어 주고 플라스마 전류를 계속해서 흘려주어야 합니다. 최근 활발하게 기술 개발이 이루어지는 초전도 자석 기술을 활용하면 토로이달 자기장을 연속해서 운전하는 것이 가능합니다. 하지만 큰 플라스마 전류를 계속해서 흘리는 것은 그리 간단하지 않습니다. 고주파나 마이크로파를 이용하여 플라스마를 가열하는 등의 다양한 방법을 동원해야 합니다. 그래서 오늘도 효과적으로 플라스마 전류를 높이는 방법을 개발하기 위한 연구를 계속하는 것이지요. 토카막의 구속 성능을 높이고 연속 운전을 가능하게 하는 기술이 개발된다면 인공 태양을 향한 핵융합 연구의 결실을 더 빨리 볼 수 있을 것입니다.

많은 연구자들의 노력 덕분에 높은 온도의 플라스마를 만드는 과학적인 성과를 얻었고, 현재는 이를 바탕으로 핵융합 발전소를 만드는 데 필요한 공학 기술을 개발하고 있습니다. 이 두 가지가 함께 개발되어야 비로소 실험실에 인공 태양이 떠오를 수 있을 것입니다. 그렇게 탄생한 새로운 에너지가 실험실로부터 세상으로 나오는 순간, 우리의 삶은 획기적으로 바뀌게 될 것입니다.

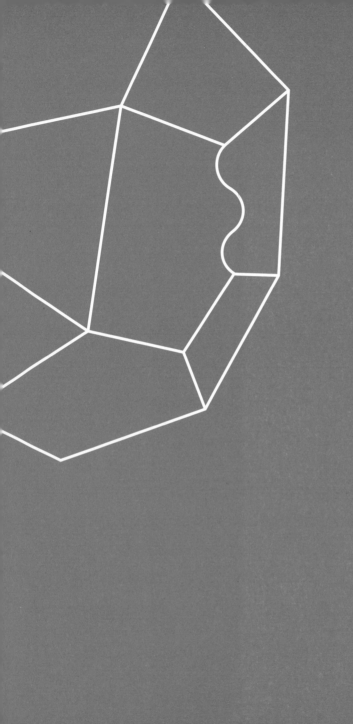

# 5부

## 인간의
## 감성이 깃든
## 스마트한
## 생활 공간을
## 만들다

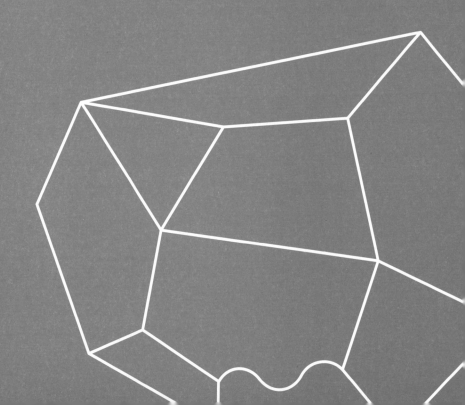

# 1

## 미생물로
## 세상에 없던 것을
## 만들다

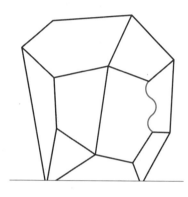

#미생물
#미생물세포공장
#대사공학

**한지숙**

화학생물공학부 교수

우리의 손과 발, 몸속의 소장과 대장, 우리가 일상에서 만지고 사용하는 다양한 물건들, 그리고 우리가 지금 밟고 서 있는 땅, 심지어 햇빛이 닿지 않는 깊은 바닷속에도 생명체가 살고 있습니다. 사람의 눈에는 보이지 않는 수없이 많은 생명체들 말이지요. 너무 작아서 보이지 않기에 이들에게 작다는 뜻의 한자 '미微' 자를 써 '미생물'이라고 이름을 붙였습니다. 이 미생물들은 얼마나 작을까요? 우리 몸속에 사는 미생물의 한 종류인 대장균을 예로 들어 보겠습니다. 우리가 살아가는 한반도의 남북 직선 거리는 약 1,100킬로미터이고 대여섯 살 어린이의 평균 키는 110센티미터 정도입니다. 백만 배가량 차이가 나지요. 대여섯 살 어린이의 키와 대장균의 길이도 백만 배 정도 차이가 납니다. 대장균이 얼마나 작은지 상상이 되나요?

## 착한 미생물 vs 나쁜 미생물

코로나바이러스 감염증-19COVID-19 팬데믹이라는 초유의 사태를 겪으면서 감염병 예방 수칙을 지키는 것은 우리의 일상으로 자리 잡았습니다. 무엇보다 기본이 되는 건강 수칙은 손 씻기입니다. 왜 손 씻기를 강조하는 걸까요? 일상생활에서 자주 손을 씻어야 하는 이유는 손에 묻은 미생물 중에 병을 일으키는 나쁜 미생물이 있을 수 있기 때문입니다. 충치를 일으키는 미생물을 없애기 위하여 매일 3번 이상 양치를 하는 것과 같은 원리이지요. 간혹 만화 속에서 미생물이 뿔 달린 악마의 모습으로 그려지는 것도 이런 이유 때문일 것입니다. 참고로 코로나바이러스와 같은 바이러스는 작기 때문에 편의상 미생물로 분류되기는 하지만 숙주 세포의 도움 없이는 스스로 증식할 수 없기에 진정한 의미의 생명체라고는 볼 수 없습니다. 따라서 이 글에서 이야기하는 미생물은 세균, 곰팡이, 미세 조류 같은 세포로 이루어진 생명체로 한정하겠습니다.

그런데 모든 미생물이 다 나쁘기만 할까요? 천만의 말씀입니다. 미생물은 우리에게 없어서는 안 될 중요한 존재이기도 합니다. 우리의 몸속, 특히 장에는 1,000 종류 이상의 다양한 미생물이 살고 있습니다. 우리 몸을 이루는 세포가 약 30조 개라고 알려져 있는데, 몸속 미생물 개수는 이보다도 더 많습니다. 장 속에 사는 수많은 미생물은 우리가 먹는 음식물을 먹고 살면서 우리 몸에 많은 영향을 끼칩니다. 사람마다 먹는 음식, 생활 습관, 사는 환경이 다르기 때문에 장 속에 함께 있는 미생물의 종류도 다르지요. 어떤 사람의 몸속에는 착한 미생물이 더 많이 살고, 어떤 사람의 몸속에는 나쁜 미생물이 더 많이 삽니다. 착한 미생물은 우리가 건강하게 사는 데 도움을 주지만, 나쁜 미생물은 비만을 유발하고 병에 걸리게도 합니다.

우리가 좋아하는 식품 중에는 미생물의 도움이 있어야만 만들 수 있는 것들이 있습니다. 빵도 그중 하나입니다. 빵을 만들 때는 효모라는 미생물이 필요합니다. 밀가루 반죽에 설탕과 효모를 넣으면 효모가 설탕을 분해하여 주로 에탄올을 만듭니다. 이 과정에서 생겨난 이산화 탄소가 빵 반죽을 부풀게 하여 폭신하고 맛있는 빵이 되는 것이지요. 이렇게 미생물이 영양분을 먹고 자라면서 다양한 물질을 만들어 내는 과정을 발효라고 합니다. 우리가 즐겨 먹는 김치, 된장, 요구르트, 치즈 등이 모두 미생물의 발효 과정을 이용해서 만들어진 발효 식품입니다.

또한 미생물은 생태계의 분해자로서 우리가 사는 지구상의 물질이 계속 순환하는 데 매우 중요한 역할을 합니다. 분해자로서의 미생물의 역할을 활용하는 예로는 미생물을 이용한 하수 처리나 환경 정화를 들 수 있습니다. 이 세상에 미생물이 없었다면 인간을 비롯한 여러 생명체들이 지금처럼 번성할 수 없었을 것입니다.

## 미생물, 화학 물질을 생산하는 공장이 되다

화학 물질이라고 하면 왠지 몸에 해로울 것 같다고 생각하기 쉽지요. 그런데 우리 몸을 이루는 성분은 사실 모두 화학 물질입니다. 그리고 세포는 엄청나게 많은 화학 반응이 정교한 조절 과정을 거쳐 쉬지 않고 일어나는 일종의 화학 공장이지요. 우리가 살아가려면 음식물을 먹고 분해하여 에너지를 만들고 몸에 필요한 단백질, 탄수화물, 지방 등을 만들어야 하는데, 이런 과정을 대사 과정이라고 합니다. 앞서 설명한 효모도 영양분을 먹고 살아가면서 수많은 화학 물질(대사 물질)을 만드는데, 그중 대표적인 것이 에탄올입니다. 이런 대사 과정을 우리가 조작할 수 있다면 보통의 효모보다 에탄올을 더 잘 생성하는 효모를 만들어 낼 수도 있지 않을까요? 심지어 보통의 효모는 만들지 않는 화학 물질을 만들게 할 수도 있을 것입니다. 그 방법은 유전자에서 찾을 수 있습니다.

DNA* 형태로 존재하는 유전자에는 생명 활동에 필요한 여러 가지 단백질, RNA**를 만들 수 있는 모든 정보가 들어 있습니다. 당을 분해하여 에탄올을 만드는 대사 과정을 예로 들어 보겠습니다. 이 과정에는 10가지 이상의 화학 반응이 필요하고, 각 화학 반응에는 특정 효소의 작용이 필요합니다. 효소는 세포 내에서 화학 반응이 빨리 일어나게 도와주는 촉매 역할을 하는 단백질입니다. 효모는 이 대사 과정에 필요한 모든 효소에 대한 유전자를 가지고 있기 때문에 에탄올을 만들 수 있습니다.

또한 이 효소들을 필요한 시기에 필요한 양만큼 만들어 내는 것도 매우 중요합니다. 유전자에 A, G, C, T 네 종류의 염기base 서열 형태로 저장되어 있는 정보는 전사transcription 과정을 통하여 mRNA에 그대

---

\* 생물체의 유전적 정보를 담고 있는 물질로, 뉴클레오타이드가 연결되어 만들어지는 핵산이다. DNA는 핵산 사슬 두 가닥이 꼬여서 만들어진 이중 나선 구조를 가지고 있다. DNA는 염색체의 주성분으로 유전 정보를 A, G, C, T 네 종류 염기의 서열로 암호화하여 저장한다.

\*\* DNA의 전사를 통하여 만들어지는 핵산으로 단일 가닥으로 이루어져 있다. 단백질 생산을 매개하는 mRNA와 tRNA가 대표적인 예이다. 일부 바이러스는 DNA 대신 RNA에 유전 정보를 저장한다.

로 복사되고, mRNA에 있는 정보는 아미노산 서열로 번역translation되어 특정한 단백질이 만들어지는 것입니다. 이 과정을 유전자의 발현 expression이라고 합니다. 동일한 효소 유전자를 가지고 있더라도 발현 정도가 다르다면 만들어지는 효소의 양이 달라지겠지요? 그러면 이 효소에 의하여 만들어지는 에탄올의 양도 달라질 것입니다.

이렇게 세포가 가진 유전자의 종류와 발현 정도를 마음대로 조작할 수 있다면 우리가 원하는 화학 물질을 많이 만들어 낼 미생물 세포 공장의 제작도 가능할 것입니다. 실제로 유전 공학 기술의 발전

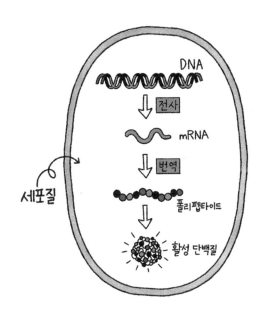

덕분에 필요한 DNA 조각들을 합성해서 블록을 연결하듯 유전자를 자유자재로 연결하거나, 불필요한 유전자는 제거하거나 변형하여 이 세상에 존재하지 않는 새로운 미생물을 만들어 낼 수도 있습니다.

미생물로 만들 수 있는 물질에는 어떤 것들이 있을까요? 효모를 이용하여 젖산을 생산하는 예를 봅시다. 젖산은 주로 유산균이 많이 생산하는 발효의 산물로 김치의 시큼한 맛을 내는 성분입니다. 최근 들어 젖산은 바이오플라스틱의 원료로 각광받고 있습니다. 젖산을 화학적으로 연결해서 중합체***를 만들면 플라스틱의 성질을 그대로 지니면서 생분해가 되는 물질을 만들 수 있습니다. 효모는 젖산을 만들지 않기 때문에 효모로 젖산을 생산하려면 젖산을 만드는 효소의 유전자를 효모 세포에 넣어 주어야 합니다. 그리고 에탄올 생산 유전자는 제거하여 에탄올 대신 젖산을 만드는 효모를 제작하는 것이지요. 그런데 젖산이 많이 생성되면 효모 세포가 잘 자라지 못하므로 효모 세포가 젖산에 대하여 저항성을 가지도록 추가적인 유전자 돌연변이를 도입하면 젖산을 더 많이 생산할 수 있습니다.

이렇게 여러 단계의 다양한 유전자 조작 방법을 활용하여 원하는 화학 물질을 더 많이 빠르게 만들도록 미생물을 개량해 나가는

---

*** 분자가 기본 단위의 반복으로 이루어진 화합물.

데, 이러한 방법을 대사 공학metabolic engineering이라고 합니다. 대사 공학
으로 개량된 미생물을 이용해서 바이오 연료나 플라스틱의 원료, 식
품, 사료, 화장품, 의약품 등 다양한 분야에서 활용되는 여러 가지 화
학 물질을 만들 수 있습니다. 예를 들어 미생물을 이용하여 토마토
의 빨간 색깔을 내는 항산화 물질인 라이코펜이나, 생선에 많이 들
어 있는 오메가-3 지방산을 만들기도 합니다. 미생물을 키울 때는
주로 사탕수수나 옥수수 전분 등에서 유래한 당을 먹이로 사용하지
만, 풀이나 나무를 처리하여 만들어 낸 당을 사용할 수도 있습니다.
한편, 미세 조류같이 광합성을 하는 미생물이나 메탄을 먹고 사는 미생물을 이용할 경우 이산화 탄소나 메탄으로부터 유용한 물질을 만들어 내는 것도 가능합니다.

## 미생물로 화학 물질을 만드는 이유

미생물을 이용하여 화학 물질을 생산하고자 노력하는 이유는 첫째, 환경 문제 때문입니다. 인류가 화석 연료를 너무 많이 사용하면서 환경이 심각하게 오염되었고, 이에 따라 미생물을 이용한 친환경적인 생산 방법이 대안으로 주목받게 되었지요. 요즘 전 세계 연구자들이 미생물을 이용하여 만들려고 하는 화학 물질 중에 나일론이나 플라스틱 원료처럼 석유로부터 생산할 수 있는 물질이 많이 포함된 것이 다 이 때문입니다. 앞으로 연구·개발을 통하여 생산 비용만 낮춘다면 미생물을 이용한 생산 방법이 석유 유래 물질을 이용한 화학적 생산 방법을 대체할 수도 있을 것입니다.

둘째, 구조가 복잡하여 화학 합성 방법으로는 만들기 어려운 화학물질의 경우 미생물을 이용하여 생산하는 것이 더 유리하기 때문입니다. 예를 들어, 미생물이 만드는 항생제나 식물이 만드는 플라보노이드처럼 다양한 효능을 가진 천연 물질은 구조가 매우 복잡하기 때문에 효소를 활용하여 만드는 것이 화학적으로 합성하는 것보다더 쉬울 수 있습니다. 게다가 식품이나 화장품에 사용되는 원료라면동일한 화학 구조를 가진 물질이라도 사람들은 화학적으로 합성한 것보다 생물을 통하여 생산된 것을 더 선호하지요. 또한 효소를 조합하여 자연계에 존재하지 않는 새로운 구조와 효능을 지닌 화학 물질을 생산할 수도 있습니다.

셋째, 유전자 조작 미생물을 이용하여 질병을 치료할 수 있기 때문입니다. 미생물이 만드는 화학 물질이 우리 몸의 면역 기능을 높이고 질병을 치료하며 나쁜 미생물을 죽일 수 있는 물질이라고 생각해 봅시다. 이러한 물질을 만들도록 유전 조작을 한 미생물을 우리 몸속에 넣는다면 질병을 치료하는 데 큰 도움이 되겠지요? 실제로 장이나 피부에 이미 살고 있는 미생물을 이용하여 이러한 시도를 하고 있습니다. 지금은 장을 튼튼하게 하려고 건강 보조제로 유산균을 섭취하지만 언젠가는 질병 치료 목적으로 미생물을 먹거나 피부에 바르게 될지도 모릅니다.

물론 지엠오Genetically Modified Organism, GMO라고 불리는 유전자 조작 작물에 대한 우려처럼 유전자 조작 미생물을 사용하는 것에 대해서도 걱정할 수 있습니다. 특히 인간이 직접 섭취하는 물질을 만드는 경우에는 더 그렇지요. 당연히 자연계에 존재하지 않는 생명체를 인간이 만들어 낼 때에는 혹시라도 발생할 수 있는 위험성에 대한 주의를 기울여야 합니다. 그러나 인간의 손을 거치지 않더라도 자연계에서는 미생물들 사이에 끊임없이 유전자가 교환되고 돌연변이가 발생하면서 자연적인 유전 조작이라 할 수 있는 현상이 일어납니다. 이러한 과정이 미생물의 다양성과 진화의 원천이 된다는 점 또한 알아 두었으면 합니다.

최근 들어 유전자 가위CRISPR와 같은 매우 효율적인 유전자 조작 기술이 개발되고 유전자를 읽고 합성하는 기술이 더욱 눈부시게 발전하고 있지요. 덕분에 미생물 대사 공학의 적용 영역이 크게 확장되고 정교해지고 있습니다. 머지않은 미래에 미생물 세포 공장을 넘어 인간과 지구를 치유하는 미생물 세포 로봇이 만들어지기를 기대합니다.

# 2

## 흙 속에 청소부가
## 살고 있다

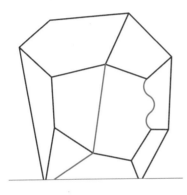

#미생물
#생물학적분해법
#오염물질분해

**남경필**

건설환경공학부 교수

토양에는 지렁이나 개미같이 우리 눈에 보이는 생물도 많이 살지만, 사실 너무 작아서 눈으로는 볼 수 없는 생물이 훨씬 더 많이 살고 있습니다. 이렇게 작은 생물을 미생물이라고 부릅니다. 손톱만큼도 안 되는 토양에 천 마리에서 많게는 천만 마리의, 셀 수 없을 만큼 다양한 미생물이 살고 있습니다. 이런 미생물은 토양에서 무슨 일을 할까요?

## 다재다능한 미생물의 능력

미생물은 토양에 사는 다른 생물들이 이용할 수 있는 양분을 만들어 냅니다. 미생물은 토양에서 탄소를 포함하고 있는 물질, 즉 유기물을 분해할 수 있습니다. 토양 유기 물질에는 동물의 배설물 또는 사체 등이 포함되어 있는데 이러한 물질들이 분해되면 토양 생물에게 훌륭한 양분이 됩니다. 또한 미생물은 유기물뿐만 아니라 생물이 자라는 데 꼭 필요한 여러 물질들을 생물이 이용하기 쉬운 형태로 바꾸어 줍니다. 질소가 좋은 예입니다. 우리 주변 공기의 70퍼센트가 질소로 이루어져 있는데도 식물은 기체로 존재하는 공기 중의 질소를 바로 사용하지 못합니다. 그래서 식물은 뿌리를 통하여 토양에 있는 암모니아성 질소와 질산성 질소를 흡수하여 사용합니다. 미생물이 바로 공기 중 질소를 암모니아성 질소와 질산성 질소로 바꾸는 역할을 하지요. 미생물 덕분에 식물이 질소를 사용할 수 있는 것입니다. 그리고 미생물은 식물의 뿌리 근처에 살면서 생물들이 살기 좋은 환경을 만들어 줍니다. 미생물은 토양 알갱이들이 잘 엉겨 붙게 하는 물질을 내뿜어 토양이 더 단단해지게 합니다. 이렇게 단단해진 토양은 식물의 뿌리를 꽉 잡아 주지요. 또 미생물은 식물의 뿌리에 독특한 형태로 붙어서 해를 끼치는 다른 미생물을 막아 주고 물과 영양분이 뿌리에 잘 흡수되도록 도와줍니다. 그와 동시에 다른 생물들의 먹이가 되기도 합니다. 이처럼 미생물로 인하여 동식물이 살기 좋은 환경이 만들어지면 그 주변으로 생물들의 활동 공간이 점점 넓어지게 됩니다.

## 미생물, 오염된 환경을 깨끗하게 바꾸다

미생물을 잘 활용하면 오염된 환경을 깨끗하게 만들 수도 있습니다. 무분별한 개발로 인하여 다양한 오염 물질이 토양, 물, 공기로 퍼져 나가고 있는데, 미생물을 이용하면 이러한 오염 물질을 이산화 탄소나 물처럼 인체에 해롭지 않은 물질로 바꿀 수 있습니다. 이 방법을 생물학적 분해법Biodegradation이라고 합니다. 이는 미생물이 산소를 이용하는 호기성 대사aerobic metabolism 과정과 산소 이외의 다른 물질을 이용하는 혐기성 대사anaerobic metabolism 과정으로 구분할 수 있습니다. 호기성 대사 과정에서는 미생물이 오염 물질을 이산화 탄소와 물 등으로 바꾸고, 혐기성 대사 과정에서는 미생물이 유기 오염 물질을 분해하면서 메탄, 이산화 탄소, 수소 등을 만들어 냅니다. 두 대사 과정 모두 오염 물질이 분해되어 위험하지 않은 물질로 바뀌기 때문에, 우리가 이러한 대사 과정이 잘 일어날 수 있는 환경을 조성한다면 오염된 환경을 다시 깨끗하게 만들 수 있습니다. 일반적으로 호기성 대사 과정을 좋아하는 미생물이 더 많고, 또 호기성 대사 과정이 오염 물질을 더 빠르게 분해한다고 알려져 있습니다.

호기성 대사 과정을 활용하는 대표적인 예로 하수 처리 과정을 들 수 있습니다. 가정이나 공장 등에서 배출된 더러운 물은 정화를 위하여 하수 처리장으로 보내집니다. 이렇게 처리장으로 보내진 하수에는 화학 물질뿐 아니라 다양한 쓰레기도 많이 있습니다. 우선 떠다니는 쓰레기를 그물망으로 건져 내고, 무거워서 바닥에 가라앉은 쓰레기도 분리하고 나면, 하수는 미생물이 있는 집인 생물학적 처리조로 보내집니다. 그러면 그곳에 살고 있는 수많은 미생물이 오염 물질을 먹고, 그것을 물과 이산화 탄소로 분해합니다. 미생물은 오염 물질을 먹으면서 자라나고, 다음에 넣어 준 오염 물질을 또 먹고 분해합니다. 미생물을 새로 넣어 줄 필요가 없으니 경제적이라는 장점이 있습니다.

미생물은 호기성 대사 과정을 통하여 오염된 토양으로부터 사람을 보호하기도 합니다. 광산이나 제련소, 공장 주변의 토양이 위험한 중금속으로 오염되어 문제가 된다는 뉴스를 본 적이 있을 것입니다. 토양 속에 스며든 중금속 물질은 보통 토양에만 머물러 있지 않습니다. 비가 오면 토양에 있던 중금속이 빗물과 함께 주변 하천으로 흘러 들어가기도 하고, 바람을 타고 다른 지역으로 날아가기도 하지요. 그러면 사람들은 오염된 곳에 가지 않았음에도 중금속의 위험에 노출됩니다. 토양 미생물은 그러한 위험을 막는 데도 큰 역할을 합니다.

토양 미생물을 사용하여 오염된 토양으로부터 사람을 보호하는 기술로 '미생물 매개 탄산 칼슘 침전'이 있습니다. 이는 이름 그대로 미생물을 사용하여 탄산 칼슘을 침전시키는 기술입니다. 탄산 칼슘은 우리가 잘 아는 칼슘과 이산화 탄소에서 생기는 물질입니다. 콜라나 탄산수 외에 일반적인 물에도 이산화 탄소가 녹아 있습니다. 물에 녹아 있는 이산화 탄소는 수소 이온 지수$_{pH}$가 높아지면 탄산 이온으로 바뀝니다. 그리고 탄산 이온이 칼슘과 만나 반응하면 하얀

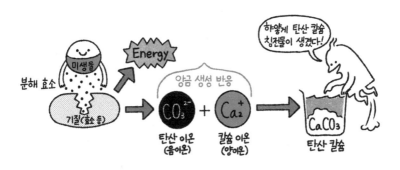

색 고체가 생깁니다. 이를 앙금 생성 반응이라고 합니다. 미생물 매개 탄산 칼슘 침전은 미생물이 에너지를 얻기 위하여 분비한 효소가 기질(요소 등)을 분해했을 때 발생하는 탄산 이온을 이용하여 생깁니다. 중금속으로 오염된 토양에 탄산 칼슘이 침전되면 토양 속에 있는 중금속이 빗물을 통하여 이동하는 것을 막을 수 있습니다. 하얀 탄산 칼슘 고체가 생길 때 중금속도 탄산 칼슘에 끼어 들어가게 되는데 탄산 칼슘은 물에 잘 녹지 않기 때문에 탄산 칼슘에 끼어 들어간 중금속 또한 빗물에 잘 흘러 나가지 않는 것이지요. 또한 토양에 탄산 칼슘이 생기면 토양이 원래보다 딱딱하게 변하면서 바람에 잘 날아가지 않게 됩니다.

미생물은 큰 오염 물질을 작게 분해할 뿐만 아니라 분해 과정에서 유용한 물질들을 만들어 내기도 하지요. 예를 들어, 추수기에 많이 생기는 볏짚은 먹거나 다시 사용하기가 어려워 대부분 쓰레기가 되는데 미생물을 이용하면 이렇게 버려지는 볏짚을 플라스틱을 만드는 원료 물질로 재탄생시킬 수 있습니다. 여기에서는 혐기성 대사 과정이 활용됩니다. 미생물은 먼저 볏짚을 잘게 쪼개서 당, 아미노산 등으로 만듭니다. 그리고 이것을 더 작게 분해하면서 이산화 탄소뿐만 아니라 유기산과 메탄을 만들어 냅니다. 호기성 대사 과정에서 탄소에 산소가 결합한 이산화 탄소가 생성된다면, 혐기성 대사 과정에서는 탄소에 수소가 결합된 메탄이 생성되는 것입니다. 이렇

게 생성된 메탄을 원료로 플라스틱을 만들 수 있습니다. 볏짚을 최
종 분해한 메탄만이 아니라, 분해 단계에서 생긴 유기산을 원료로
플라스틱을 만드는 기술도 활발히 개발되고 있습니다. 미생물을 활
용하여 쓰레기로 버려지는 볏짚을 플라스틱 원료로 바꾸는 기술은
친환경적이면서도 농사 후 발생하는 쓰레기까지 처리할 수 있어서
일석이조입니다.

### 미생물의 대활약, 우리 환경 기술의 밝은 미래

연구자들은 어떤 미생물이 어떤 일을 할 수 있는지, 어떻게 하면
미생물이 이런 일들을 더 잘하게 할 수 있을지를 끊임없이 고민합니

다. 운동을 잘하는 사람, 공부를 잘하는 사람이 있는 것처럼 미생물도 잘하는 일이, 할 수 있는 일이 제각각 다릅니다. 또한, 사람이 능력을 발휘하는 데 더 좋은 환경이 있듯이 미생물에게도 일을 하기더 좋은 환경이 있습니다. 미생물이 좋아하는 환경을 만들어 주는것도 미생물 연구자들이 하는 일입니다.

　미생물을 활용하는 환경 기술에 대한 연구는 오늘도 진행되고 있습니다. 계속해서 새로운 화학 물질이 만들어지고 있는 만큼, 새로운오염 물질들을 분해할 수 있는 미생물과 잘 분해할 수 있는 조건을찾아가는 연구도 더욱 활발히 진행되고 있습니다. 미생물의 능력을향상시키기 위하여 특정 기능을 극대화하도록 유전자를 조작하는연구도 수행되고 있습니다. 앞으로 우리 주변에서 더욱 다양한 미생물들이 여러 분야에서 제 몫을 해 나갈 것입니다. 미생물이 펼칠 대활약과 함께 우리 환경 기술의 미래가 기대되지 않나요?

# 3

## 정보 혁명,
## 새로운 건축 공간을
## 만들다

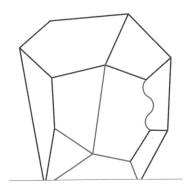

#디지털건축
#건물정보시스템

**홍성걸**
건축학과 교수

의복, 음식물, 주거 공간은 인간이 생존하는 데 꼭 필요한 요소입니다. 그리고 이 세 가지 필수 요소에 공통으로 쓰는 우리말은 '짓다'입니다. '옷을 짓다, 밥을 짓다, 집을 짓다'처럼 말이지요. 더구나 '집'은 그 어원이 '짓다'와 관련 있을 것이라는 견해가 있을 정도로 두 어휘는 밀접합니다.

동굴에서 나온 인류는 근처에서 쉽게 얻을 수 있는 재료를 이용하여 벌판이나 언덕에 집을 짓기 시작하였습니다. 처음에는 혼자 짓기도 하였겠지만, 규모가 커지면서 여러 사람의 도움이 필요하였겠지요. 큰 건물을 세우기 위해서는 당사자들 사이에 건축물 정보를 공유해야 합니다. 그래야 효율적으로 협업할 수 있으니까요. 지금까지 건물 정보는 그림을 통하여 공유되었습니다. 여기서 그림이라는 것은 공간을 어떻게, 어떤 순서로, 그리고 무엇으로 구성할지 머릿속으로 생각한 것을 시각적으로 보여 주는 것을 말합니다. 그렇다면 정보화 시대인 오늘날의 건축은 어떻게 시작되고 어떻게 마무리될까요?

## BIM, 살아 있는 건축 정보의 보고

건축 설계 작업을 통하여 생성되는 건축 정보는 한 장의 그림이나 불변의 정보로 남는 것이 아니라 건물이 존재하는 동안 여러 겹으로 계속해서 쌓이고 변화합니다. 이러한 건축 정보 전반을 건물 정보

시스템Building Information Modeling, BIM이라 부릅니다. 건축물을 짓기 위해서는 건설 재료와 노동력, 시간, 기술 등이 필요합니다. 그리고 건물 설계에 참여하는 건축가와 엔지니어가 BIM으로 정보를 공유하여 건물 구조의 안전성을 꾀하면서 건물을 지어야 합니다. 그렇게 건물을 짓고 난 뒤에는 건축주가 건물 내부의 온도나 공기 질, 에너지 등을 효율적으로 관리할 수 있어야 합니다. BIM은 결국 복잡한 건물 형상과 설계 정보, 건물 시공, 건물 관리까지 총괄하는 살아 있는 건축 정보 자산이라고 할 수 있습니다.

건물을 짓는 방식은 마치 수많은 부품을 조립하여 자동차 한 대를 만드는 것과 비슷합니다. 건물을 지을 때는 공사의 종류에 따라 건물 전체를 여러 부분으로 나누어 진행하는데, 시시각각으로 변하는 각 공간에 대한 정보를 디지털로 누적하여 하나의 관리 시스템으로 만들 수 있습니다. 건물에 대한 기본 정보뿐 아니라 건물을 시공하고 관리하는 데 영향을 끼치는 주요 변수에 대한 정보들을 3차원 공간에 추가함으로써 다차원의 건물 정보를 생성하는 것이지요. 이 같은 방식으로 복잡한 데이터를 체계적으로 관리하면 효율적이고 편리하게 건물을 설계하고 시공할 수 있습니다. 건축가가 정보 자산과 물질 자산, 시대정신, 인간의 감성 등을 버무려 구현하고자 하는 건축물에 대한 정보를 디지털이라는 가상의 세계에 그려 내면, 엔지니어는 그것을 안전하고 쾌적하게 현실 공간에서 실현하는 것이지요.

## 건축을 바꾼 고성능 재료의 탄생

오래전부터 인간은 깊은 계곡과 넓은 강, 그리고 섬과 섬을 연결하는 교량을 더 길게 만들고, 도시에 짓는 건물은 더 높게 더 자유로운 형상으로 만들고자 하였습니다. 이러한 욕망은 엔지니어에게 새로운 도전으로 다가왔습니다. 엔지니어들은 수많은 연구를 거듭하여 복잡한 형상을 구현하고 더위와 추위, 홍수, 바람, 지진과 같은 극심한 자연조건에서도 안전하게 버틸 수 있는 우수한 재료를 개발하였습니다.

인류는 그동안 암석을 자르고 갈아서 석조 기둥과 아치 형태의 천장 및 지붕으로 이루어진 구조물을 만들었고, 나무를 이용하여 목조 건물을 만들거나, 진흙을 불로 구어서 벽돌을 차례차례 쌓아 건물을 만들기도 하였습니다. 그러다 산업 혁명을 거치면서 강철과 시멘트를 대량으로 생산할 수 있게 되었지요. 그래서 두 차례의 세계 대전을 겪은 후에도 교량과 도로 같은 인프라를 비교적 빠른 시간에 다시 지을 수 있었습니다. 또한 산업 구조가 변하면서 일어난 급격한 도시화 과정에서도 사회가 요구하는 고층 건물을 건설할 수 있었습니다. 시멘트는 석회석을 미세하게 부수고 점토를 섞은 후 높은 열을 가하여 만든 광물성 접착제로, 여기에 자갈과 모래, 물을 섞어 만든 것이 바로 콘크리트입니다. 콘크리트를 이용하여 구조물을 만들려면 원하는 형태로 거푸집(겉틀)을 만든 후 거기에 아직 굳지 않은 콘크리트를 부어서 굳히면 됩니다. 이처럼 콘크리트는 돌에 비하여 우리가 원하는 형상을 쉽게 만들 수 있고 주변에서 구할 수 있는 자갈과 모래로 만들 수 있다는 장점 때문에 20세기 초 건축가와 엔지니어에게 많은 사랑을 받았습니다.

여기서 한 발 더 나아간 것이 철근 콘크리트입니다. 콘크리트의 다양한 장점과 큰 인장 강도*를 가진 철강의 장점을 합쳐 만든 것이지요. 콘크리트를 만들 때 상당한 부피를 차지하는 모래와 자갈의 입자 크기를 최적화하고, 화학적으로 결합 반응 정도가 높은 실리카 퓸silica fume과 최소량의 시멘트를 이용하면 콘크리트의 강도가 강철 강도의 절반 수준까지 올라갑니다. 암석과 콘크리트는 인장 강도가 상대적으로 약하기 때문에 이를 보강하려면 인장력이 강한 철근 또는 파이버fiber 섬유를 추가해야 합니다. 이렇게 해서 여태까지 사용한 일반 콘크리트보다 강도가 세고 내구성이 강하며 유동성이 높은 초고성능 콘크리트가 탄생하는 것이지요. 초고성능 콘크리트는 강도가 세다는 점 때문에 군사 시설이나 은행 금고 등의 시설물에 주로 쓰이고, 완전히 굳기 전까지 유동성이 높아서 정확한 형상이 필요한 부분에도 많이 사용합니다.

지금까지 콘크리트를 활용할 때는 거푸집 또는 몰드mold를 이용해

---

\* 물체가 잡아당기는 힘에 견딜 수 있는 최대한의 응력.

서 원하는 형상을 구현하였지만, 3D 프린팅 기법을 활용하면 거푸집이나 몰드 없이 콘크리트를 주둥이에서 쏟아 내는 즉시 원하는 형상을 만들 수 있습니다. 문제는 재료의 무게입니다. 작은 크기의 결과물을 내는 3D 프린팅은 재료 무게에 민감하지 않지만, 크고 무거운 콘크리트 건축물을 만들기 위하여 3D 프린팅을 이용하는 경우에는 새로운 프린팅 기술이 개발되어야 하지요. 지금까지 해 온 방식에서 벗어나 생각하면 새로운 방식으로 3D 프린팅을 이용할 수 있습니다. 3D 프린팅으로 가벼운 몰드를 만들 수도 있고 철근을 콘크리트 속에 두는 대신 겉에 배치할 수도 있습니다. 그리고 몇 부분으로 나누어 만든 뒤 조립할 수도 있습니다.

### 정보를 바탕으로 섬세하게 예측하다

건물의 외관은 건물의 정면이라는 뜻의 프랑스어인 파사드facade라고 부릅니다. 건물의 외부는 외장으로 둘러싸이는데 이는 쉽게 말해서 건물이 옷을 입는다고 생각하면 됩니다. 뼈대를 짓고 전체 겉면에 유리창을 부착시켜 건물의 겉치장을 하는 것을 커튼 월curtain wall이라고 합니다. 최근에는 온도, 빛, 엘이디LED, 에너지 발생 장치, 센서 등의 재료를 활용하여 다양한 기능을 가진 파사드를 구현하고 있습니다. 엘이디와 센서 등 첨단 기술을 활용하여 건물의 전면을 아름답게 꾸미는 파사드 엔지니어링이라는 분야가 생길 정도로 건물 전체에서 파사드가 차지하는 비중이 높아지고 있지요. 이에 파사드는 혁신적인 디자인과 공학 기술을 보여 주는 새로운 영역으로 떠오르고 있습니다.

한편, 건물이 자연재해에도 안전성을 확보하려면 예상할 수 있는 수준의 외력을 견딜 수 있는 구조물로 지어져야 합니다. 지진이 발생하면 건물이 완전히 붕괴되지 않는다 해도 건물이 제 기능을 발휘하지 못하게 되기 때문에 건물 사용자들은 커다란 경제적인 손실을 보게 됩니다. 이러한 이유로 건물주, 보험사, 정부 기관 등은 지진으로 인한 피해를 줄일 수 있는 새로운 설계 방법을 필요로 하였습니다. 그래서 등장한 것이 바로 성능 기반 설계법입니다. 이는 예상되는 지진 강도에 대하여 건물이 버텨야 하는 능력의 수준을 설정하고, 그에 알맞은 설계 방법으로 건물을 지은 뒤, 애초에 설정한 목표 성능을 달성하였는지 평가하는 과정으로 이루어집니다. 이것이 실현 가능하려면 예상 지진에 대하여 구조물의 반응을 최대한 정밀하게 예측할 수 있어야 합니다. 이는 컴퓨터 하드웨어와 프로그램 언어 및 전산 프로그램이 눈부시게 발전한 덕분에 가능해진 일이지요. 이처럼 정보에 기반한 설계 방법의 변화는 재료 선정, 시공 등 여러 공학 설계 분야로 파급되어 계속해서 진화·발전하고 있습니다.

# 4

## 중력을 거스르는
## 건물의 탄생

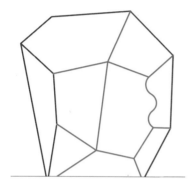

#프리텐션
#포스트텐션

**강현구**

건축학과 교수

인류는 건축물 안에서 대부분의 인생을 보냅니다. 그렇기에 재해에 대한 구조 안전은 인명을 지키고 재산을 보호하는 일과 밀접한 관련이 있습니다. 건축 구조 분야에서는 건축물의 구조를 이루는 뼈대와 그 뼈대 안을 막는 바닥판, 벽, 지붕, 돔 등이 지구의 중력이나 지진, 태풍, 파도, 충격, 진동, 피로, 폭발 또는 극심한 온도 변화 등에 잘 견디려면 어떻게 설계하고 만들어야 하는지를 연구합니다. 현재 우리나라 구조물의 80퍼센트가 콘크리트로 지어지기 때문에 특히 콘크리트에 대한 연구가 심도 있게 진행되고 있지요.

## 콘크리트 구조물을 만드는 공법들

콘크리트는 압축력*에는 강하지만 인장력**에는 약하기 때문에 이를 보완하기 위하여 철을 활용합니다. 콘크리트와 철은 온도의 변화에 따라 늘어나고 줄어드는 정도가 같아 찰떡궁합이지요. 철을 거푸집 안에 배치한 후 콘크리트를 부어서 굳힌 것이 바로 철근 콘크리트입니다. 이때 철을 미리 인장(당겨)하여 고정해 두는 공법을 프리스트레스prestress 공법이라고 하는데, 이는 철을 당기는 시점에 따라 프리 텐션과 포스트 텐션으로 나뉩니다.

프리 텐션pretension은 콘크리트가 굳기 전에 철을 당기는 방식의 공

---

\*     물질 따위에 압력을 가하여 그 부피를 줄이는 힘.
\*\*    물질 따위를 당겨 그 길이를 늘이는 힘.

법입니다. 이때 삽입하는 철은 철근이 아니라 가는 철 일곱 가닥을 새끼줄같이 꼬아서 만든 강연선입니다. 대개 철은 비싼 건설 재료라서 비용을 아끼기 위하여 이처럼 가늘게 만드는데, 가운데에 한 가닥을 두고 나머지 여섯 가닥을 그 주변으로 꼬아서 만듭니다. 이렇게 만들어진 강연선은 유연하기 때문에 일정한 길이로 잘라서 운반해야 하는 철근과 달리, 수백 미터에서 수천 미터를 감아서 한 번에 운반할 수 있습니다.

프리 텐션 공법은 땅에 단단하게 고정된 구멍 뚫린 철판에 강연선을 관통시켜 당긴 후, 그것을 철판에 고정한 채 거푸집 안에 콘크리트를 채워 넣는 방식으로 이루어집니다. 콘크리트를 붓기도 전에 강연선을 당기기 때문에 관이 따로 필요하지 않지요. 콘크리트 안에 강연선이 잘 감추어져 있고 서로가 서로를 강하게 붙들고 있기 때문에, 콘크리트가 굳은 후 콘크리트 끝에 노출된 강연선을 잘라도 어디론가 튀어 나가지 않습니다. 그렇게 강연선을 탯줄 자르듯이 자르고 콘크리트 부재***를 거푸집 안에서 빼내어 그것을 공사 현장으로 옮깁니다. 이렇게 공장에서 콘크리트 부재를 생산하여 현장으로 보내는 것을 프리캐스트precast 공법이라고 합니다.

포스트 텐션post-tension은 프리 텐션과 반대로 콘크리트가 굳은 다음

---

*** 구조물의 뼈대를 이루는 데 중요한 요소가 되는 여러 가지 재료.

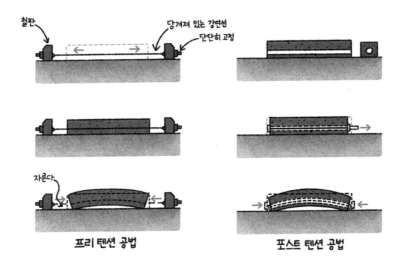

철판

당겨져 있는 강연선

단단히 고정

자른다

**프리 텐션 공법**

**포스트 텐션 공법**

에 강연선을 당기는 공법을 말합니다. 여기서 한 가지 의문이 들 것입니다. 콘크리트가 굳으면 그 안에 든 철도 함께 굳을 텐데 어떻게 콘크리트가 굳은 후에 철을 당길 수 있지? 그래서 포스트 텐션은 콘크리트 안에 관을 넣어 굳힌 후, 관 안으로 강연선을 삽입한 다음 강연선을 당기는 방식으로 이루어집니다.

포스트 텐션은 여러 개의 공장에서 생산된 콘크리트 부재를 현장에서 하나로 연결하기 위하여 사용되기도 합니다. 이때는 각각의 부재에 관이 미리 삽입되어 있어야 하지요. 대개 포스트 텐션 공법이라 하면 현장에서 거푸집을 짜서 관을 거푸집 안에 묻고 콘크리트를 치는 현장 타설 공법(프리캐스트 공법과 반대 개념)을 의미합니다.

## 포스트 텐션 공법의 여러 가지 강점

포스트 텐션 공법을 적용하면 아주 얇은 바닥판 하나로 한 층을 지탱하는 것이 가능하기 때문에 사용 공간을 손해 보지 않으면서도 전체 건물 높이를 줄일 수 있습니다. 수직 길이가 줄어들면 그만큼 사용하는 재료도 적어지고, 장기적으로는 건물의 냉난방 등 평생 사용하는 에너지의 양도 줄어들게 됩니다. 즉 친환경 건물을 만들 수 있는 것이지요.

또한 포스트 텐션 공법을 쓰면 콘크리트의 균열을 방지할 수도 있습니다. 콘크리트의 균열은 콘크리트가 일부 인장에 의하여 파괴되어 생기는데, 이는 미관상으로 좋지 않을 뿐더러 부재가 더 처지는 원인이 됩니다. 또 균열된 부분 안으로 습기와 염분이 들어간다면 콘크리트가 서서히 병들고 그 안의 철도 점점 부식될 수 있습니다.

양 끝을 엄지와 검지로 꾹 누른 분필은 여기저기 강하게 부딪혀도 잘 부러지지 않습니다. 그런데 바닥에 떨어진 분필은 쉽게 부러지지요. 낮은 높이에서 떨어뜨려도 말입니다. 이는 분필이 긴 방향이 아닌 다른 방향에서 가해지는 힘에는 약하기 때문입니다. 콘크리트도 이와 비슷합니다. 콘크리트는 압축에 강하기 때문에 찌부러뜨리는 힘에는 잘 파괴되지 않고, 오히려 가해지는 압축력이 커질수록 좋아합니다.

강연선은 강하게 당겨진 후 포스트 텐션 콘크리트 부재의 양 끝단에 고정됩니다. 늘어난 강연선은 줄어들고 싶지만 그럴 수 없는 상황에 처하면서 강한 힘을 발휘합니다. 콘크리트 부재는 그러한 강연선에 의하여 더 강하게 압축됩니다. 콘크리트는 압축을 좋아한다고 했지요? 그래서 긴 방향이 아닌 다른 방향에서 힘이 가해질 때 인장이 발생할 소지가 있는 구역에 미리 압축력을 가해 놓으면 더욱 효과적으로 콘크리트의 강도를 높일 수 있습니다. 포스트 텐션 구조를 설계할 때 이렇게 콘크리트 부재가 인장을 받는 구역을 따라 강연선을 배치하면 추후 발생할 인장력에 선제적으로 대처할 수 있습니다. 인장력이 발생할 구간에 미리 압축력이 발생하도록 함으로써 중력에 의하여 부재가 휘지도, 균열이 발생하지 않게도 할 수 있지요.

이와 같은 포스트 텐션 공법을 쓰면 부재를 덜 처지게 할 수도 있습니다. 바닥판이나 수평으로 놓인 부재는 중력 때문에 시간이 지날수록 점차 처지는데 1년, 2년, 10년이 지남에 따라 처짐의 정도는 2배에서 5배까지 증가합니다. 그런데 포스트 텐션 공법을 사용하면 이를 절반 이상 줄일 수 있습니다. 특히 이 공법을 이용하면 기둥과 기둥 사이 간격을 넓혀서 건물을 지을 수 있습니다. 기둥과 기둥의 간격이 넓을수록 그 위에 수평으로 얹혀 있는 부재는 더 처질 수밖에 없습니다. 그런데 긴 콘크리트 부재 안에 U자 모양으로 관을 묻어 두고 콘크리트를 부어서 굳힌 후, 관 안의 강연선을 당기면 강연선이 콘크리트를 들어 올려 하중을 버티게 됩니다. 그러면 기둥 수

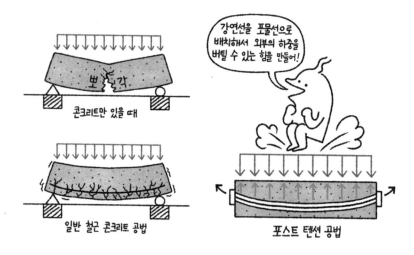

가 매우 적은 건물도 지을 수 있고, 기둥과 기둥 사이 거리가 아주 먼 다리도 만들 수 있습니다. 강연선의 위치를 잘 조정하여 건물 바깥 쪽으로 길게 튀어나오는 발코니나 그랜드 캐니언의 전망대처럼 벼 랑 바깥으로 길게 나가 있는 구조물을 만드는 것도 가능합니다. 이 렇듯 도전적인 구조나 심미적인 구조를 구현하는 데 있어 포스트 텐 션의 역할은 절대적이라 하겠습니다.

### 포스트 텐션 콘크리트 구조와 공법에 대한 연구

지난 한 세기 이상 수많은 연구자들이 철근 콘크리트에 대한 연구 를 해 왔지만, 포스트 텐션은 그것의 10퍼센트도 채 연구되지 않았습니다. 그런데 현실은 조금 다릅니다. 알게 모르게 이미 많은 곳에서 포스트 텐션 공법이 쓰이고 있습니다. 지진이 발생해도 건물이 무너지지 않게 벽을 땅에 고정할 때나, 기둥 사이가 먼 다리나 고가 도로 등을 지을 때도 대부분 포스트 텐션 공법을 적용하고 있습니다. 전 세계의 원자력 발전소 돔도 이제는 모두 포스트 텐션 공법으로 짓습니다. 일반 건물을 지을 때에도 포스트 텐션 구조가 활용되는 비중이 점점 높아지고 있습니다. 포스트 텐션에 대한 연구가 더 적극적으로 이루어져야 하는 까닭이 여기에 있지요.

서울대학교 고성능구조공학연구실에서는 구조물이 얼마만큼의 하중을 견딜 수 있는지, 구조물에 어느 정도의 하중이 가해졌을 때 하자가 발생하는지, 구조물이 온도의 극심한 변화와 습기, 염분에 노출되었을 때 얼마나 오래 견딜 수 있는지, 기둥과 기둥 사이에 얹힌 바닥판이나 부재가 세월이 흐를수록 과다하게 처지지는 않는지 등 수많은 요인을 분석하여, 어떻게 하면 포스트 텐션 구조를 더 튼튼하게 설계하고 만들지 연구합니다. 그리고 수평 마찰력과 콘크리트를 들어 올리는 수직적인 힘을 종합적으로 고려하면서 여러 외부 하중이 복합적으로 작용할 때 건물, 케이블 구조, 돔 등이 어떤 현상을 보이는지 컴퓨터로 시뮬레이션하거나 직접 실험으로 얻어진 각종 데이터를 면밀히 분석합니다. 더 나아가 실무 엔지니어들에게 구조와 공법에 대한 설계 지침이나 기준을 효과적으로 제시하는 방법에 대해서도 연구하고 있습니다.

최근에는 강연선을 당기는 포스트 텐션 작업과 사물 인터넷$_{IoT}$을 융합하는 기술을 연구하였는데, 이 기술이 한국공학한림원에서 발표하는 100대 미래 기술 중 하나로 선정되기도 하였습니다. 현재 포스트 텐션 작업은 강연선을 얼마나 당길지 미리 계산하여 그 값을 유압 장치에 설정해 놓고 수동으로 가동 버튼을 눌러 강연선을 당기는 식으로 이루어집니다. 그런데 사람이 하는 일이다 보니 버튼에서 손을 떼는 순간이 제각기 다를 수밖에 없고 그에 따라 강연선을 당기는 힘 또한 다르게 적용됩니다. 그래서 현장에서는 강연선이 늘어난 길이를 재서 종이에 기록하고, 그것을 통하여 당기는 힘이 얼마만큼 들어갔는지 역으로 알아내는 방법을 사용하고 있습니다. 이처럼 기존 방식은 애초에 설정한 값에 따라 강연선을 당기는 것이 쉽지 않고, 기록지가 손상되거나 분실될 가능성도 있기 때문에 정보를 관리하는 게 쉽지 않다는 단점이 있습니다.

포스트 텐션 작업에 사물 인터넷을 융합하면 이 같은 단점들을 극복할 수 있습니다. 강연선을 당기는 장비에 압력 센서와 레이저 길이 센서를 장착하여 강연선이 얼마나 당겨지는지를 실시간으로 측정하고, 그 값을 유압기에 장착된 데이터 로거$_{data\ logger}$****에 저장합니

---

**** 데이터 축적 시스템으로, 프로세스의 각처에서 정보를 수집하여 기억하는 장치.

다. 이때 데이터들이 상호 작용하면서 각자의 데이터를 실시간으로 보정하고, 장치의 각 부분은 사전에 계획된 값에 도달하였을 때 작업을 멈추는 알고리즘에 따라 작동합니다. 이와 동시에 각 데이터는 블루투스로 현장에 있는 엔지니어의 스마트폰이나 클라우드 서버에 실시간으로 전송됩니다. 엔지니어는 사무실에 있을 때든 외근을 나갔을 때든 언제라도 데이터에 접근할 수 있고, 검수 담당자는 스마트폰으로 간단하게 검수 및 승인 업무를 처리할 수 있습니다. 이 시스템은 이미 개발이 완료되어 국내에 적용되었고, 해외 여러 나라와도 기술 이전 계약을 맺었습니다.

이처럼 4차 산업 혁명 기술을 건축 공학에 접목하는 스마트 건축 공법은 활용 범위를 점차 넓혀 가고 있으며 앞으로 무궁무진한 발전을 기대해 볼 수 있는 분야입니다. 인공 지능 기술을 통하여 건설 데이터를 체계적으로 관리하면 구조물의 안전성을 점검하는 데 유리하고, 구조물이 혹시 모를 위험에 노출되기 전에 수리할 수 있습니다. 미래에 우리는 최소의 비용으로 더욱 안전하고 쾌적한 공간에서 살 수 있지 않을까요?

# 5

## 새것과 옛것이
## 조화롭게 섞인
## 짬뽕 건축의 비밀

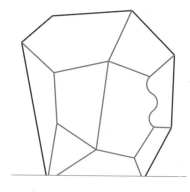

#스토리텔링건축

#하이브리드건축

**백진**

건축학과 교수

세상에는 여러 가지 건축물이 존재합니다. 집, 학교, 도서관, 호텔, 국회 의사당, 마트 등 정말 다양합니다. 우리는 왜 이런 건축물을 짓는 걸까요? 이 질문을 조금 더 진지하게 각색하면, 건축의 기원은 무엇일까요? 역사를 돌이켜 보면 많은 사람들이 건축의 기원에 대하여 고민해 왔습니다. 그중 가장 유명한 이야기 하나를 소개해 보겠습니다. 작자는 로마 시대의 건축가 비트루비우스Vitruvius입니다. 레오나르도 다빈치Leonardo da Vinch가 그린 '비트루비안 맨Vitruvian Man'이라는 드로잉은 사각형과 원 안에 사람을 세워 이상적인 신체의 비례를 보여 줍니다. 이 유명한 드로잉은 비트루비우스가 쓴 책에 나오는 이야기에 바탕을 두고 있지요. 그런데 비트루비우스는 이 책에서 또 다른 이야기를 들려줍니다. 바로 건축의 기원에 관한 것입니다.

어느 날 번개가 숲에 매섭게 내리칩니다. 나무들이 쩍쩍 갈라지고 불이 납니다. 사람들은 불길을 피하여 허겁지겁 도망을 칩니다. 불길이 잦아들자 아까 온 힘을 다하여 도망쳤던 사람들이 불 주변으로 하나둘 모여들기 시작합니다. 시커먼 잿더미로 변할까 너무도 무서웠는데 이제 보니 불이 몸을 따뜻하게 덥혀 줍니다. 순해진 불이 사람들을 하나로 동그랗게 불러 모은 것입니다. 사람들은 서로 마주보며 손짓 발짓으로 의사를 전달하다가 어느 순간 음성으로도 소통을 시작합니다. 언어가 탄생한 것입니다. 다음 단계로 사람들은 조금 더 오래 머무르며 이야기를 나눌 방법을 강구합니다. 불 주변 바닥을 평평하게 다진 후 나뭇가지를 얼기설기 엮어 벽과 지붕이 될 뼈대를 만들고, 흙을 바르고, 나뭇잎을 얹습니다. 드디어 건축이 탄생한 것입니다.

이야기가 좀 어설픈가요? 어쨌든 건축의 기원에 관한 최초의 이야기입니다. 먼저 공동체가 형성되고 다음으로 언어가 등장하지요. 그 후에 땅을 반반하게 다듬고, 주변의 재료를 긁어모아 3차원의 구조물을 세우는 건축이 등장합니다. 건축의 기원은 에너지원인 불을 공유하는 공동체와 떼려야 뗄 수 없는 관계에 있다는 것을 암시합니다. 이런 비트루비우스의 이야기는 고고학적으로 꼭 확인된 것은 아니지만 그렇다고 영 들을 가치가 없는 이야기도 아닙니다. 약간 소설 같은 이야기라는 느낌은 들지만요.

## 르코르뷔지에와 스토리텔링

건축가들은 왜 이런 소설 같은 이야기를 만들어 낼까요? 우리는 이야기를 통하여 건축을 새롭게 보는 안목을 가질 수 있기 때문입니다. 안 보이던 것도 렌즈를 통해서 보면 보이듯이, 스쳐 지나가던 건축물도 이야기를 통하여 보면 색다릅니다. 그래서 끊임없이 새로운 이야기를 만들어 내고 또 남의 이야기를 듣기도 합니다. 20세기의 뛰어난 건축가 르코르뷔지에Le Corbusier도 항상 새로운 눈으로 세상을 보기를 갈망하였습니다. 정열적으로 30여 권의 책을 집필하여 자신이 만들어 낸 이야기를 담았고, 이 이야기를 바탕으로 300여 개의 건축물을 디자인하였습니다. 그에게 스토리텔링은 창의적인 디자인을 위해서 꼭 필요한 단계였습니다.

비행기를 타면 지면에서는 볼 수 없었던 세상의 다른 면을 볼 수 있지요. 르코르뷔지에는 이야기를 만드는 작업이 비행기를 타는 것과 같다고 표현하였습니다. 그가 비행기를 처음 탄 것은 1928년이라고 합니다. 라이트 형제가 비행기를 발명한 해로부터 약 25년이 지난 때였습니다. 비행기를 타는 것이 요즘은 별스러운 일이 아니지만, 당시에는 정말 하늘에 별을 따러 가는 것 같았을 것입니다. 1미터 70센티미터의 높이에서 세상을 바라보던 그는 허공을 날며 수십 킬로미터를 한눈에 볼 수 있는 '새'의 눈을 갖게 되었다며 열광하였습니다. 너무 열광한 나머지 자신의 이름도 바꾸어 버립니다. 원이름인 샤를 에두아르 잔느레<sub>Charles Edouard Jeanneret-Gris</sub> 대신 까마귀를 뜻하는 르코르뷔지에를 사용하였지요. 까마귀처럼 날자 그는 그전에는 보지 못했던 건축과 도시의 새로운 얼굴을 보게 되었습니다.

## 벽마다 문이 나 있는 집

비트루비우스가 들려주는 이야기로 다시 돌아가겠습니다. 눈보라가 몰아치는 겨울밤, 불 주위로 네댓 명의 사람들이 오붓하게 모여 있다면 그들은 참 행복할 겁니다. 불 하나를 놓고 여러 사람이 똑같이 혜택을 보는 것이지요. 공유의 힘입니다. 그런데 어느 한 사람이 이 불을 독점한다면 어떻게 될까요? 5명이 공유하던 모닥불을 한 사람이 독점한다고 해서 특별히 더 따뜻해지는 것도 아니지요. 만약 사람들이 하나의 불 주변으로 모여드는 대신 각 방에 들어가 있다면 어떻게 될까요? 사람 숫자만큼 불을 지펴서 독방으로 배달해야겠지요. 그만큼 에너지가 낭비되고, 이산화 탄소 배출량도 많아져서 대기 환경이 나빠질 것이 뻔합니다. 후덥지근한 여름에도 마찬가지 현상이 일어납니다. 길가에 면한 창을 열고, 안쪽에 있는 방들 사이의 문을 열어젖히면 자연스럽게 바람이 통하게 됩니다. 그런데 서로 문을 걸어 잠그고 독방에 앉아 있으면 어떻게 될까요? 각 방마다 에어컨을 달아 주는 수밖에 없지요. 엄청나게 많은 에너지가 소모됩니다.

'어떤 형태로 모여 사느냐'는 에너지 문제와도 관련이 높다는 것을 알 수 있습니다. 방문을 걸어 잠그고 각자 에어컨을 켜고 사는 것은 프라이버시를 소중하게 여기는 삶입니다. 많은 건축가들은 기계적으로 프라이버시를 잘 지키는 그런 공간을 만들어 왔습니다. 척추처럼 기다란 복도를 놓고, 그 주변으로 방들을 일렬로 쭉 붙인 후, 문을 닫고 들어가 지내도록 하였지요. 이런 건축 디자인은 불문율처럼 받아들여졌고 우리도 이런 공간에서 사는 데 익숙합니다.

그런데 역사를 보면 이런 디자인은 시대를 초월한 원칙이 아니라

서양에서 17세기경부터 등장한 현상입니다. 15세기 이탈리아의 건축가인 레온 바티스타 알베르티Leon Battista Alberti는 집을 디자인할 때 방과 방이 복도 없이 바로 맞닿아 있도록 디자인할 것을 추천하였습니다. 그러고 보니 일본의 전통 주택도 알베르티가 생각하는 집과 비슷합니다. 복도가 없고 방과 방이 바로 맞닿아 있으면서, 스르륵 열리는 파티션으로 구획되어 있기 때문입니다. 왜 이렇게 지었을까요? 후덥지근한 여름날을 한번 상상해 보세요. 파티션을 열어젖혀 이 방과 저 방을 자유롭게 넘나드는 바람 길을 만들어 내는 데는 이런 집이 제격입니다.

환경 문제가 심각한 요즘 집을 어떻게 디자인하는 것이 좋을지 다시 한번 고민할 때입니다. 방과 방 사이의 관계를 다시 짜서 '공유'에 기초한 건축 디자인을 하는 것이 필요합니다. 복도 없는 집에서는 바람이 솔솔 통하니 답답한 기분이 싹 가시고 전기세도 아낄 수 있어 일석이조입니다. 집만 이렇게 디자인할 것이 아니라 유치원, 학교, 도서관에도 이런 아이디어를 적용할 수 있지 않을까요?

## 21세기의 이상 감옥을 꿈꾸다

비트루비우스의 이야기에는 또 하나 재미있는 대목이 있습니다. 건축이 개인이나 가족을 위한 집을 짓는 데서 시작한 것이 아니라는 점입니다. 건축의 시작은 여럿이 모여 사는 것과 관계있지요. 학교,

도서관, 문화 센터, 공연장처럼 말입니다. 교정 시설 역시 모여 살기를 생각하다 만들어진 시설이지요. 교정 시설은 흔히 감옥이라고 불리는 대표적인 기피 시설입니다. 많은 주민들이 자기 동네에 교정 시설이 들어오는 것을 반대하곤 하지요.

감옥의 역사를 이야기하다 보면 제러미 벤담Jeremy Bentham이 디자인한 팬옵티콘Panopticon이라는 흥미로운 건축물이 떠오릅니다. 원형 건물의 주변부로 수용자들을 위한 방이 놓이고, 한가운데 있는 타워에서 감시자가 전체를 관리하는 극도로 효율적인 계획안이었지요. 그리스 신화에 등장하는 백 개의 눈을 가진 괴물 아르고스 파놉테스Argos Panoptes처럼 수백 개의 눈을 달고 서 있는 가상의 감시자가 한 지점에서 모든 수용자들의 방을 일시에 바라보면서도, 수용자는 자신들이 감시당하는 사실조차 모르게 만드는 것이 이 건축물을 디자인한 의도였다고 합니다.

그런데 벤담이 만든 18세기의 이상적인 감옥을 21세기에 적용할 수는 없습니다. 벤담은 수용자에 대한 인권 의식이 별로 없었던 것 같습니다. 수용자를 교화하여 사회로 복귀시키는 것이 아니라 수용자에게 징벌을 가하는 것이 목표였습니다. 심지어 방 안에 화장실이나 세면대도 없었습니다. 생활이 불가능한 방에 갇혀 은밀하게 감시만 당하는 감옥은 21세기에는 부적절합니다. 먹고 자고 용변을 보고 책도 읽을 수 있는 기본적인 주거 환경이 갖추어져야 하고, 또 사회에 다시 나갔을 때 잘 적응하면서 살 수 있게 다양한 직업 교육도 해야 합니다. 그렇다면 21세기형 교정 시설은 어떻게 디자인하면 좋을까요? 먼저 감옥이 '인간 창고'라는 고정 관념을 깨야 할 것입니다. 볕이 잘 들고 바람도 잘 통하고 면적도 그리 좁지 않은 주거 공간과 빅 데이터, 인공 지능, 가상 현실, 증강 현실 등 4차 산업 혁명이 가져 온 혁신을 반영하는 교육 공간 이 둘을 잘 섞으면 어떨까요? 지역 주민들과도 이 교육 공간을 공유한다면 교정 시설이 기피 시설이 아닌 선호 시설로 바뀔 수도 있지 않을까요?

## 새로운 디자인 방식에 대한 고민

비행기를 처음 타 본 뒤 까마귀의 눈을 갖게 되었다고 흥분하던 르코르뷔지에는 새로운 시각으로 도시를 디자인하기 시작합니다. 수십 킬로미터라는 광활한 영역을 다루면서, 차량과 헬리콥터를 결합한 교통 허브가 중심에 자리 잡은 새로운 도시를 그려 보았지요. 예전에는 상상도 못 한 일들이 요즘 많이 벌어지고 있습니다. 드론, 빅 데이터, 인공 지능이 등장하였습니다. 이들은 앞으로도 건축과 도시에 큰 변화를 가져올 것입니다. 드론 택시를 탔다고 생각해 봅시다. 착륙장이 필요합니다. 건물의 옥상에 만들면 어떨까요? 로비도 같이 만들어서 엘리베이터를 타고 아래로 내려갈 수 있게 하면 어떨까요? 이렇게 되면 지금까지 디자인하던 것과는 다른 방식으로 건물을 디자인해야 합니다. 인공 지능은 건축가와 함께 디자인을 하며 방대한 양의 데이터를 해석하는 일을 손쉽게 처리해 줄 것입니다. 뛰어난 조수가 생기는 셈이지요. 이는 19세기 초부터 건축가들이 꿈꾸어 온 일이 이루어지는 것이기도 합니다. 장 니콜라 루이 뒤랑 Jean-Nicolas-Louis Durand은 건축을 점, 선, 면, 아치 등 기본 요소로 분해하고, 이것들을 더하고 빼고 조합하는 방식으로 건물을 디자인하였습니다. 마치 수학의 연산 문제를 푸는 것처럼 말이지요. 200여 년이 흐른 지금, 뒤랑의 꿈이 퀀텀 컴퓨터의 도움을 받아 이루어질 것 같은 찰나에 와 있습니다. 기대감에 부풀게 됩니다.

하지만 조심스럽기도 합니다. 인공 지능이 효율적으로 디자인한 건축물과 도시에서 살면서 자율 주행차나 드론 택시를 타고 출퇴근을 한다고 해도 그것이 '살기 좋은 도시인가' 하는 건 다른 문제이기 때문입니다. 효율성과 좋음이 꼭 등가인 것은 아닙니다. 보기 좋은 떡이 꼭 맛있는 떡은 아닌 것처럼요. 빠른 속도로 막힘없이 내달릴 수 있는 큰길도 좋지만 사람들은 여전히 아기자기한 길을 더 좋아합니다. 거기에서 편안함을 느끼고 머물고 싶어 합니다. 차도 더디게 가고, 엄마 손을 잡고 편안하게 걷고, 꼬치 어묵, 핫도그도 사 먹고, 그늘 아래 쉴 수 있는 공원도 있는 그런 길을 좋아합니다.

기술이 혁명적으로 변화하여도 우리 삶 속에는 여전히 변하지 않는 것들이 있습니다. 드론 택시를 타고 퇴근하는 가장을 생각해 볼까요? 그는 아파트 발코니에 있는 착륙장에 사뿐하게 도착합니다. 그러면 집에 있던 가족들이 반갑게 발코니에 난 현관문을 열겠지요. 그리고 나서 다 함께 맛있는 저녁이 차려진 식탁으로 가서 빙 둘러 앉을 겁니다. 착륙장과 그 곁의 현관문, 식탁 그리고 이 식탁이 놓여 있는 단단한 방바닥. 어떤 것은 새로운 것이고 어떤 것은 수천 년 동안 바뀌지 않고 지속되어 온 것입니다. 드론 택시와 착륙장은 이제껏 듣도 보도 못했던 것이지만, 식탁은 공자와 맹자, 플라톤과 아리스토텔레스 시절부터 지금까지 쭉 우리와 함께하는 것입니다. 맛있는 짬뽕을 만들 듯이 변하는 것과 변하지 않는 것, 새로운 것과 예스러운 것을 잘 섞는 것이 어떨까요? 그것이 21세기에 뛰어난 건축물을 디자인할 수 있는 길일 것입니다.

## 우리는 미래에 살고 있다

**앞서가는 생각을 잡고 싶은 당신에게**

초판 1쇄 발행 • 2020년 12월 23일
초판 3쇄 발행 • 2024년 9월 23일

지은이 • 서울대학교 공과대학
펴낸이 • 김종곤
편집 • 황수정 최윤영
조판 • 이주니
펴낸곳 • (주)창비교육
등록 • 2014년 6월 20일 제2014-000183호
주소 • 04004 서울특별시 마포구 월드컵로12길 7
전화 • 1833-7247
팩스 • 영업 070-4838-4938 / 편집 02-6949-0953
홈페이지 • www.changbiedu.com
전자우편 • contents@changbi.com

ⓒ 서울대학교 공과대학 2020
ISBN 979-11-6570-042-3  03530

\* 이 책 내용의 전부 또는 일부를 재사용하려면
　반드시 저작권자와 (주)창비교육 양측의 동의를 받아야 합니다.
\* 책값은 뒤표지에 표시되어 있습니다.